本书获得河南省科技攻关项目(212102210386)、河南省高等学校青年骨干教师培养计划、河南财经政法大学信和·黄廷方青年学者资助计划资助。

信息化网络平台研究丛书

RFID数据管理
关键技术研究

姜　涛◎著

RESEARCH ON THE KEY TECHNOLOGY OF
RFID DATA MANAGEMENT

经济管理出版社
ECONOMY & MANAGEMENT PUBLISHING HOUSE

图书在版编目（CIP）数据

RFID 数据管理关键技术研究/姜涛著 . —北京：经济管理出版社，2022.6
ISBN 978-7-5096-8558-7

I. ①R… Ⅱ. ①姜… Ⅱ. ①无线电信号—射频—信号识别—应用—数据管理—研究
Ⅳ. ①TP274

中国版本图书馆 CIP 数据核字（2022）第 110897 号

组稿编辑：杨　雪
责任编辑：杨　雪
责任印制：黄章平
责任校对：董杉珊

出版发行：经济管理出版社
　　　　　（北京市海淀区北蜂窝 8 号中雅大厦 A 座 11 层　100038）
网　　址：www.E-mp.com.cn
电　　话：（010）51915602
印　　刷：唐山昊达印刷有限公司
经　　销：新华书店
开　　本：720mm×1000mm/16
印　　张：10.25
字　　数：168 千字
版　　次：2022 年 9 月第 1 版　　2022 年 9 月第 1 次印刷
书　　号：ISBN 978-7-5096-8558-7
定　　价：68.00 元

前　言

随着信息技术的发展和数据产生方式的变革，人类步入了大数据时代。大数据作为当前高新技术的产物，其由大规模的结构化、半结构化和非结构化的数据构成。大数据需要经过采集、清洗、存储、查询、分析、建模、可视化等过程加工处理之后，才能使其产生真正的价值。其中，数据清洗是大数据技术不可缺少的环节，用来发现并纠正数据中可能存在的错误。该环节针对数据审查过程中发现的缺失值、冗余值、错误值、异常值、乱序数据，选用适当方法进行"清理"，把"脏"的数据变为"干净"的数据。数据查询也是其中非常重要的一环。该环节一般包括数据的聚集查询（频繁元素查询、Top-k 查询、范围查询）、连续查询、复杂事件查询、查询语言设计等重要研究内容。

流数据作为大数据中的一个分支，其重要性不言而喻，而 RFID 数据又是流数据的一种重要类型。流数据具有快速连续到达、转瞬即逝、到达顺序不可控、需要及时进行处理等特点。根据流数据的上述特性，流数据管理的主要研究包括在短时间内进行数据清洗、乱序处理、复杂事件处理、聚集/连续/范围查询、数据挖掘、数据仓库等课题。显而易见，RFID数据管理也需要做类似的研究。

本书系统地综述了目前该领域的主要研究进展，并总结和整理了笔者多年来在这方面的研究成果，内容囊括 RFID 数据管理的主要模型、技术和系统，包括 RFID 原理、RFID 数据特点、RFID 数据清洗方法、RFID 乱序流处理、复杂事件处理等各个方面。本书试图为读者系统地展现在大数据技术高速发展变革的时代下，RFID 数据管理有别于传统数据管理和分布式计算的新技术、新思想、新系统和新挑战。

本书共分为七章，第 1 章主要介绍 RFID 数据管理的研究背景与现状；第 2 章对现有的主要 RFID 数据管理技术、系统与典型应用进行综述；第 3 章介绍一种有效的 RFID 读写器功率自适应调节策略；第 4 章介绍几种有效的 RFID 数据填补技术；第 5 章介绍一种基于读写器交流信息的 RFID 数据清洗方法；第 6 章介绍一种 RFID 乱序事件流的高效处理策略；第 7 章对全书进行总结，并指出未来研究方向。

该书主要作为从事流数据管理、分布式计算和大数据分析等相关领域研究开发和管理人员的参考书籍，也可以作为高校计算机和大数据等相关专业研究生的补充教材和参考读物。由于笔者水平有限，且本书涉及很多新的技术，书中难免有疏漏和错误之处，恳请读者提出宝贵意见。

本书涉及的研究课题得到河南省科技攻关项目（212102210386）的资助，在此表示感谢，也感谢经济管理出版社给予的大力支持与帮助，特别感谢杨雪编辑为本书出版付出的辛勤劳动。

姜涛

2021 年 9 月

目　录

第1章 绪论

1.1 研究背景

无线射频识别（Radio Frequency Identification，RFID）技术是一种自动识别方法，它依赖于使用称为 RFID 标签的无线电转发器存储和检索数据。RFID 可以分为三种类型：无源标签、半无/有源标签和有源标签，其中源是指供电电源，这种电源一般具有体积小、使用时间长等特点。RFID 技术的最新研究进展表明，这项技术正在使芯片①体积变得更小，比如 2006 年日立推出了一种薄纸微芯片；②无处不在，比如植入式标签；③更便宜，比如 EPC 标签的每种售价接近 5 美分。

随着物联网时代的到来，RFID 技术开始越来越广泛应用于人类的日常生活中。该技术利用射频信号自动识别目标对象并获取相关数据，可识别高速运动物体并可同时识别多个电子标签。运用 RFID 技术对商品的制造信息、流通途径、购买信息等进行记录，并将数据存储在云端统一管理，可随时查阅，起到防止产生假冒伪劣产品、有效保护品牌等辅助作用。

随着 RFID 成为公认的主流技术、先进商品生产技术和高效数据处理方法，以及 RFID 在商业领域中经济利益的增长，RFID 技术（Ahson S 等，2008）得到广泛的采用。基于 RFID 的应用系统已经在许多工业领域得以部署，比如药品生产（Cheung A 等，2007）、医疗护理、供应链（Wang F 等，2005）、零售（Chaves L W F 等，2010）、库存管理（Rizvi S 等，2005；Choy K L 等，2009）、国防等领域。由于 RFID 技术允许目标对象自我描述，即进入 RFID 读写器阅读范围内时将自己的唯一标识通过电磁波传递给读写器，这样在许多领域中 RFID 技术就能在很大程度上提高组织和个人的工作效率。同时，由于电子标签与读写器通信时不再需要直接接触，并且 RFID 读写器还能快速批量地读取存储于电子标签内的数据，这样就使 RFID 技术替代条形码成为可能。

在这项技术提供便利的同时，也带来了问题和挑战，比如数据的清洗（Cooper O 等，2004；李战怀等，2007）、复杂事件处理或乱序流数据处理（Wang F 等，2006，2009）、查询优化（Agrawal J 等，2008；Ré C 等，2008；Wang F 等，2010）、数据挖掘或数据仓库（Gonzalez H 等，2006b；Gonzalez H 等，2006c；Lee C H 等，2008）、不确定性数据的管理（金澈清等，2009；Khoussainova N 等，2008a，2008b）等。

由于 RFID 技术的广泛应用，如何高效地管理产生的大规模 RFID 数据成为数据库领域的重要研究课题。RFID 数据清洗、RFID 复杂事件处理、RFID 数据查询、RFID 数据仓库、RFID 数据挖掘、RFID 系统应用作为 RFID 数据管理的关键问题，已经得到国内外科研院所和工业/产业界等各界人士的广泛关注，笔者所在的课题组在名为 "RFID 数据管理关键技术的研究" 的国家自然科学基金重大国际（地区）合作与交流项目的支持下，已经在国内较早地进行了 RFID 数据管理技术的研究，并在 RFID 数据清洗、RFID 复杂事件处理、RFID 数据查询等方面取得了一定的进展。本书是笔者在河南省科技攻关项目的支持下完成的，特别在此表示感谢。

1.1.1　RFID 技术

RFID 技术发展所依赖的理论来自 19 世纪 30 年代法拉第的发明和 20 世纪上半叶无线电及雷达的新发现（Ahson S 等，2008）。法拉第发现了互感应现象，这也形成了无源电子标签的能耗供应的基础。另外，促进远距离标签发展的先进技术出现于 20 世纪上半叶，这些技术包括提供能量的晶体接收机和反射信号的雷达。

RFID 技术的基本原理是：首先无源标签进入 RFID 读写器的读写范围内时，接收读写器发出的电磁信号，接着自身产生感应电流，然后凭借感应电流产生的能量将存储于芯片上的信息传递给读写器；若为有源标签，则不需要借助读写器的信号来产生能量，因为其自身带有电源，所以它会主动发出某一频率的电磁波。其次读写器读取电磁波并解码，然后送到中央系统进行后续的数据处理。最后将信息传递给用户或者应用系统（李战怀等, 2007; Ahson S 等, 2008; 金澈清等, 2009; Agrawal R 等, 2006)。

　　RFID 系统通常包含以下几个部分: RFID 标签、RFID 读写器、天线、RFID 中间件 (Bornhövd C 等, 2004) 和后端应用系统。其中, RFID 标签也称电子标签, 由芯片和标签天线或线圈组成, 通过电感耦合或电磁反射原理与读写器进行通信; RFID 读写器是读取 (在读写器中还可以写入) 标签信息的设备; 天线可以内置在 RFID 读写器中, 也可以通过同轴电缆与 RFID 读写器天线接口相连; RFID 中间件负责数据清洗和复杂事件处理等工作。

　　RFID 主要频段标准及特性, 如表 1-1 所示:

表 1-1　RFID 主要频段标准及特性

	低频	高频		超高频	微波
工作频率	125-134KHz	13.56MHz	JM 13.56MHz	868~915MHz	2.45~5.8GHz
市场占有率	74%	17%	—	6%	3%
读取距离	1.2 米	1.2 米	1.2 米	4 米 (美国)	15 米 (美国)
速度	慢	中等	很快	快	很快
潮湿环境	无影响	无影响	无影响	影响较大	影响较大
方向性	无	无	无	部分	有
全球适用频率	是	是	是	部分 (欧盟、美国)	部分 (非欧盟国家)
现有 ISO 标准	11784/85, 14223	18000-3.1/ 14443	18000-3/2 15693, A, B, C	EPC C0, C1, C2, G2	18000-4
主要应用范围	进出管理、固定设备、天然气、洗衣店	图书馆、货架、运输、产品跟踪	空运、邮局、医药、烟草	货架、卡车、拖车跟踪	收费站、集装箱

1.1.2　RFID 技术的发展阶段

　　RFID 大致有以下几个发展阶段 (李战怀等, 2007; Ahson S 等, 2008):

　　1940~1950 年: 雷达的改进和应用催生了射频识别技术, 1948 年奠定了射频识别技术的理论基础。

　　1950~1960 年: 早期射频识别技术的探索阶段, 主要处于实验室实验研究阶段。

1960~1970 年：射频识别技术的理论得到了发展，开始了一些应用尝试。

1970~1980 年：射频识别技术与产品研发处于一个大发展时期，各种射频识别技术测试得到加速。出现了一些最早的射频识别应用。

1980~1990 年：射频识别技术及产品进入商业应用阶段，各种规模应用开始出现。

1990~2000 年：射频识别技术标准化问题逐渐得到重视，射频识别产品得到广泛采用并逐渐成为人们生活中的一部分。

至今，射频识别技术的理论得到丰富和完善。单芯片电子标签、多电子标签识读、无线可读可写、无源电子标签的远距离识别、适应高速移动物体的射频识别技术与产品正在成为现实并走向应用。

1.1.3　RFID 技术的发展趋势

（1）产品多样化。随着各种移动设备的普及和人们生活水平的提高，人们对生活质量的要求和品位也越来越高。这就不可避免地要求 RFID 设备智能化、快捷化和轻巧化。近年来，厂家也在设计体积大小、功能不同的 RFID 产品，这也是其推行 RFID 技术的手段。

（2）集成化。RFID 技术在未来几年中将被广泛应用于零售业中，因此厂商有将 RFID 读写器和标签集成于手机、掌上电脑（Personal Digital Assistant，PDA）等通信设备的设想。这样就可以使消费者在购物时更方便地查询产品的"前世今生"，进而推动零售业的发展与繁荣。

（3）网络化。"物联网"是近年来比较火热的一个词，其目的是要将无生命的高楼大厦、机器设备与有生命、有想法的人类互联起来，使其能够更好地交流，以服务大众。RFID 也正是其中大有作为的一项技术，其将有可能与三网等融合起来，以实现跨区域乃至全球化的应用。

1.1.4　RFID 数据的特点

RFID 数据流具有如下特点（金澈清等，2009）：

（1）数据总量无限。在 RFID 应用领域中，大量的读写器在持续不停地读写电子标签内的数据，因此数据是源源不断的，规模是巨大的。

（2）数据到达速率极快。在 RFID 应用中，数据通常是以突发形式高速产生的。比如，只要有带电子标签的物体进入读写器的探测范围内，读写器就会马上产生数据，并且一直保持到物体离开。

（3）数据的到达次序不受限制。由于网络问题，可能会出现拥塞、断线等现象，以及网络与网络间的差异，比如通过有线网络传输的数据就比通过无线网络传输的数据速度快。同时，传输距离也会有所不同，数据到达时间的顺序可能跟产生时间的顺序不一致，这就是所谓的乱序。

（4）除非刻意保存，否则每个数据只能"看"一次。一般情况下，数据的查询任务都是在内存中完成的，但是内存的容量又是有限的，所以这些数据无法同时全部存放于内存之中。

（5）各个元组均具有不确定性。由于应用系统中所产生的噪声和干扰，每个元组与真实值之间都存在着一定的差值，所以说 RFID 应用领域所产生的数据具有不确定性。

同样，RFID 存档数据也具有如下特点（李战怀等，2007）：

（1）数据结构简单。RFID 数组一般是三元组形式，如 TagID、ReaderID、Timestamp。其中，TagID 表示物品的唯一标识电子产品编码（Electronic Product Code，EPC）；ReaderID 表示读取的读写器的编号，也可以理解为读取位置；Timestamp 即时间戳，表示这条记录产生的时间。

（2）时空关联性。贴有电子标签的物体经读写器产生的数据会随着时间和空间的变化而变化。

（3）多重语义性。检测对象产生带有与上下文及应用背景有关的信息，信息不是明确表达出来的，而是隐含的，需要联系上下文应用逻辑才能推导和衍生出来。比如，从电子标签的唯一标识码可以查出产品名称、产地、价格等有关"前世今生"的信息；从读写器的编号可以查出物品所存放的位置；从时间戳可以知道物体在某个位置停留的时间范围，进而联系其他时间戳推导出所存在的时间段。所以，数据层面的 RFID 数据必须上升到业务应用逻辑层，且与应用背景集成才能发挥其本身的价值。

（4）海量性。目前，RFID 读写器以 100～400Hz 的频率来捕获标签数据，对于部署有 200 部的仓库来说，1 秒钟就可以产生 2 万～8 万条的记录。若每条记录占据的数据空间为 25 个字节，那么每天就要产生 1～8G 的数据量。因此，仓库中存储的数据是异常庞大的。

1.1.5　RFID 技术的应用

RFID 技术在多个行业、场所、物品上都有广泛的应用。下面简要介绍一下具体的应用：

（1）物流：物流过程中的货物追踪、信息自动采集、仓储应用、港口应用、邮政、快递。

（2）零售：商品的销售数据实时统计、补货、防盗。

（3）制造业：生产数据的实时监控、质量追踪、自动化生产。

（4）服装业：自动化生产、仓储管理、品牌管理、单品管理、渠道管理。

（5）医疗：医疗器械管理、病人身份识别、婴儿防盗。

（6）身份识别：电子护照、身份证、学生证等各种电子证件。

（7）防伪：贵重物品（烟、酒、药品）的防伪、票证的防伪等。

（8）资产管理：各类资产（贵重的或数量大相似性高的或危险品等）。

（9）交通：高速出入口不停车收费、出租车管理、公交车枢纽管理、铁路机车识别等。

（10）食品：水果、蔬菜、生鲜、食品等保鲜度管理。

（11）动物识别：驯养动物、畜牧牲口、宠物等识别管理。

（12）图书：书店、图书馆、出版社等应用。

（13）汽车：汽车制造、防盗、定位、车钥匙。

（14）航空：航空制造、旅客机票、行李包裹追踪。

（15）军事：弹药、枪支、物资、人员、卡车等识别与追踪。

1.2　问题描述

定义 1-1　数据的漏读：也称假阴性读数（False Negative Readings）（Bai Y 等，2006；Jeffery S R 等，2006a），是指某个或者某些标签实际上已经处于 RFID 读写器的读取范围，但是读写器却没有产生相应时间点或者时间段的有关此标签的数据。在 RFID 数据采集过程中，漏读是一个常见的现象。产生漏读的原因有：①当许多标签同时被读写器探测的时候，无线电波的冲突和信号的干扰经常出现，因此干扰了读写器识别任何一个标签；②由于水、金属或者无线电波的干扰。实验表明，在部署有 RFID 设备的应用中，电子标签的读取率通常为 60% ~ 70%，即超过 30% 的数据被常规地丢弃掉。

定义 1-2　数据的多读：也称假阳性读数（False Positive Readings）或噪声（Noise）（Bai Y 等，2006；Jeffery S R 等，2006a），是指 RFID 读写器不仅读取到了期望的标签，也读取到了不期望的标签。这种现象可以归结于以下几种形式：①位于 RFID 正常读取范围之外的标签被读取到。比如，当在搜集一个箱子内的标签数据过程中，读写器可能从邻近的箱子内读到了标签；②读写器或者环境中不明的原因。比如，其中一个读写器产生并发送错误的标签的唯一标识。

定义 1-3　数据的冗余：英文称为"duplicate readings"（Bai Y 等，2006；Jeffery S R 等，2006a），是由以下几种原因引起的：①标签在一个读写器探测范围内的停留时间很长，被读写器读取了许多次；②在一个大的区域或者长距离的范围内部署了多个 RFID 读写器，位于读写器重叠区域的标签被读取了好多次；③为了提高读取精度，许多带有同一标识的标签粘贴于同一物品上，因此产生冗余现象。

定义 1-4　RFID 数据清洗：是对读写器在工作过程中产生的漏读、多读、冗余数据进行填补、去伪存真、约减的一个过程。

定义 1-5　RFID 乱序事件流处理：是对读写器在工作过程中产生的原本产生时间戳较早但到达时间戳较晚，或者原本产生时间戳较晚但到达时间戳较早等乱序数据的现象进行纠正，使其按照产生顺序来排序、匹配的工作。

1.3　RFID 数据管理研究现状

RFID 数据管理技术（Chawathe S S 等，2004；Wang F 等，2005；Derakhshan R 等，2007）已经有十多年的研究历史，在一些方面也取得了一定的研究成果。

1.3.1 国外研究现状

有关 RFID 数据清洗的研究国外已经取得了丰硕的成果（Bai Y 等，2006；Chen H 等，2010；Franklin M J 等，2005；Gonzalez H 等，2007；Khoussainova N 等，2006；Kanagal B 等，2008；Rao J 等，2006）：RFID 数据清洗的一个重要目的就是要填补漏读的数据，解决此问题的第一种常用方法是平滑过滤（Franklin M J 等，2005；Jeffery S R 等，2006b），即如果在一个时间窗口内有至少一个目标 RFID 标签的读数，那么就在此窗口内相隔一定时间填补上此标签的读数（Franklin M J 等，2005；Jeffery S R 等，2006c）；第二种方法是基于统计模型的填补方法（Jeffery S R 等，2006a），即如果在一个时间窗口内目标标签的读数超过一定的阈值，那么就在此窗口内相隔一定时间填补上此标签的读数；第三种方法是基于可信度或者粒子滤波技术的概率方法（Kanagal B 等，2008；Tran T 等，2009）。前两种数据清洗方法涉及如何有效地设置时间窗口的大小的问题，第三种方法是基于与历史数据相关的训练结果的一种方法，因此其结果有较大的不准确性。有别于以上方法，一些研究工作聚焦在利用特定领域的应用语义和完整性约束规则来清洗 RFID 数据流（Khoussainova N 等，2006；Rao J 等，2006）。成本敏感的清洗方案在文献（Gonzalez H 等，2007）中有很详细的讨论。此外，Chen 等（2010）利用数据冗余方法来清洗 RFID 数据流。RFID 数据清洗的另外两个重要目的是解决多读和数据冗余问题，Bai 等（2006）利用脏数据阈值来检测 RFID 数据是不是多读数据，同时利用 max_ distance 来确定 RFID 数据是否是冗余数据，但是，他们并没有提及如何确定阈值的选取且没有给出漏读数据的清洗方法。

RFID 复杂事件处理方面（Bai Y 等，2007），广泛采用的第一类方法是非确定有限状态自动机（Nondeterministic Finite Automata，NFA）及其相关改进技术（Ré C 等，2008），第二类方法是 Markovian Chain 模型（Letchner J 等，2009；Letchner J 等，2010），第三类方法是模式匹配技术（Agrawal J 等，2008），但是这三类方法大多是假设 RFID 数据流是按序到达的，没有考虑 RFID 数据的乱序问题，此问题在文献（Li M 等，2007；Liu M 等，2009）中予以考虑并加以解决。

RFID 数据仓库与数据挖掘方面，部分学者（Han J 等，2006；Gonzalez H 等，2006a；Gonzalez H 等，2010）分析了 Path Cube 和 Workflow Cube 模型、FlowCube 模型、Movement Graph 模型，而另外一部分学者（Hu Y 等，2005）利用 Bitmap Datatype 来解决大量 RFID 数据的存储问题。

RFID 数据查询方面（Sheng B 等，2010），Lee 等（2008）首先定义了有关跟踪查询和面向路径查询的几种查询模板，接着提出一种有效的有关 RFID 数据流信息的路径编码模式，然后又利用 XML 领域的一种编码模式来检索时间信息，最后提出一种将所提出的查询模板转换为标准 SQL 查询的方法。

1.3.2　国内研究现状

相对国外而言，国内对于 RFID 数据管理技术（许嘉等，2009）的研究相对滞后，有影响力的创新性研究成果相对较少，还需要努力赶超。国内的研究主要集中在 RFID 数据清洗、RFID 复杂事件处理、RFID 数据查询等方面。

RFID 数据清洗方面，部分学者提出了（Gu Y 等，2009a；谷峪等，2010a；谷峪等，2010b）提出一种通过分析监测目标之间的时空相关性的数据评估模型。谷峪等（2010a）提出一种基于动态概率路径事件模型的 RFID 数据填补技术。Nie 等（2009）提出一种利用相关持久变量模型 HMMs 来对 RFID 数据流进行概率建模的技术。

RFID 复杂事件处理方面，Chen 等（2008）提出了三种优化技术，分别优化了内存占用率、吞吐量、处理性能三方面。为了弥补现有复杂事件处理过程的不足，Liu 等（2010）设计了一种新的基于 RFID 数据流的在线模式聚类算法。传统的复杂事件处理往往聚焦于单个目标的规范化说明和评估，却忽略了多个物体间的关联性，针对此问题，Peng 等（2010）设计了次序连接和数据流连接两种算法。

RFID 数据查询方面，谷峪等（2009）提出一种依靠位置相对固定的标签来定位携带移动式的读写器的监控对象，从而支持高效的移动范围查询的技术。Gu 等（2009b）提出一种基于 RFID 时空数据流的概率移动范围查询技术。为了支持模式监控和目标聚类，Wang 等（2010）提出一种基于 RFID 轨迹数据库的相似查询技术。为了支持频繁事件或者异常事件模式匹配，Wang 等（2009）提出一种基于共享空间事件流的相似分析技术。

1.4　主要工作

本书针对 RFID 数据管理的关键技术与理论进行了研究，主要研究内容包括：RFID 数据管理技术研究进展综述、RFID 读写器功率自适应调节策略、RFID 数据填补技术、基于读写器交流信息的 RFID 数据清洗方法、RFID 乱序事件流的高效处理策略。具体工作如下：

（1）有关 RFID 数据管理的研究是当前国际数据库研究领域的一个热点。目前该领域的研究已经产生了大量研究成果，本书对这些研究进行了详细的总结、分类与比较，以方便该领域的研究者和专家学者查阅与借鉴。首先，主要综述了几种典型的 RFID 数据特性，即漏读、多读、冗余、乱序到达等；其次，重点论述并比较了现有的 RFID 数据清洗技术、RFID 复杂事件处理技术、RFID 数据查询技术、RFID 数据仓库技术、RFID 数据挖掘技术、RFID 系统的应用；最后，对 RFID 数据管理技术进行了总结。

（2）目前 RFID 已经得到了广泛应用，但 RFID 读写器一般是以恒定功率工作的，这造成了电能的不必要消耗。基于此种现状，本书提出了一种基于模糊控制理论的 RFID 读写器功率自适应调节策略，并设计了相应的模糊控制算法。该策略通过传感器实时监控 RFID 标签数目，根据当前 RFID 标签数目，采用相应的模糊控制算法来动态改变 RFID 读写器的输出功率，进而优化输出。通过仿真测试表明，采用该自适应调节策略能明显地降低读写器的能耗，具有很好的应用前景。

（3）在使用 RFID 数据集跟踪对象或分析人类活动时，RFID 数据的质量是一个至关重要的方面。然而，原始 RFID 数据流往往有噪声，包括遗漏读数和不可靠读数。传统的数据清洗倾向于关注一小部分定义良好的任务，包括转换、匹配和重复消除。本书致力于探索有效的方法填补缺失的读数，即提出了一种新的概率插值方法和三种新的基于时间间隔、包含关系和物体惰性的确定性插值方法，并进行了大量的实验，实验结果证明了所提出方法的可行性和有效性。

（4）RFID 技术用于数据采集的许多应用中，但由于经常出现漏读（假阴性）、多读（假阳性）和重复读数，原始 RFID 读数的质量通常较低，许多 RFID 数据清洗技术被提出来解决这个问题。本书探索利用通信信息来进行 RFID 数据清洗，并且使 RFID 读写器在早期阶段产生更少的"脏"数据。首先，设计了一个读写器通信协议，以有效地利用读写器之间的通信信息。其次，提出了带参数的单元事件序列树。最后，提出了三种新的 RFID 数据清洗方法，分别用于重复读取、误报读取和数据插值。经过大量文献的阅读与整理得知，这是第一个在 RFID 数据清洗中利用读写器之间的通信信息的研究工作。笔者进行了大量的实验，实验结果证明了所提出方法的可行性和有效性。

（5）复杂事件处理在许多现代应用中得到了广泛的应用。复杂事件处理的一个关键方面是从事件流中提取模式，以便实时做出明智的决策。然而，网络延迟和机器故障可能会导致事件处理引擎中的事件乱序到达。本书为了解决这个问题，提出了一种乱序事件处理技术，在探索使用事件的延迟距离实时处理乱序事件流的同时，利用云平台上的内存重新处理事件流。首先，提出了延迟距离的概念和网络延迟预测模型。其次，提出了基于延迟距离的事件处理方法。最后，提出了一种内存补充策略，用于纠正早期产生的错误模式匹配。笔者进行了大量的实验，实验结果证明了所提出方法的有效性。

1.5 组织结构

本书共分为七章，具体安排如下：

第 1 章介绍课题的研究背景、无线射频识别技术（RFID）的基本原理、RFID 技术的发展过程、RFID 技术的未来发展趋势、RFID 数据特点、RFID 技术的应用、RFID 数据管理的国内外研究现状、本书的主要研究工作以及篇章结构安排。

第 2 章综述 RFID 数据管理技术的研究进展。主要包括：RFID 数据清洗、RFID 复杂事件处理、RFID 数据查询、RFID 数据仓库、RFID 数据挖掘、RFID 系统应用等方向的研究现状与进展和未来的研究方向等。

第 3 章研究 RFID 读写器功率自适应调节策略。主要包括：基于中间件的 RFID 读写系统、自适应调节策略设计、仿真实验等方面。

第 4 章研究 RFID 数据填补技术。主要包括时间间隔填补模型、包含关系填补模型、惰性填补模型、正态分布填补模型。

第 5 章研究基于读写器交流信息的 RFID 数据清洗技术。主要包括：RFID 读写器通信协议、动态概率单元事件模型、Top-k 概率单元事件模型、RFID 数据清洗策略。其中，RFID 数据清洗方法包括冗余数据消除方法、漏读数据填补方法、多读数据消除方法。

第 6 章研究 RFID 乱序事件流的高效处理策略。主要包括：网络延迟预测模型、基于延迟距离的乱序流处理方法、内存补充策略。

第 7 章对全书进行总结，并对未来的探索方向进行展望。

本书的组织结构与研究路线如图 1-1 所示。

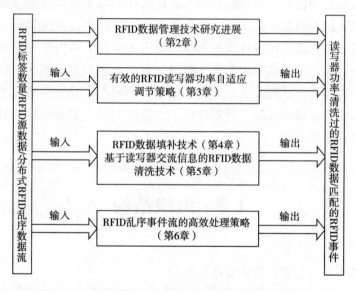

图 1-1　本书的组织结构与研究路线

图 1-1 中相关章节所提出方法的输入输出数据、章节之间的关系如下：第 2 章综述了 RFID 数据管理技术的研究进展。第 3 章相关方法的输入为 RFID 标签数量、输出为 RFID 读写器功率。第 4 章和第 5 章相关方法的输入为 RFID 源数据、输出为清洗过的 RFID 数据。第 6 章的输入为分布式 RFID 乱序数据流、输出为经过匹配的 RFID 事件。值得注意的是，RFID 数据的获取途径较多，但是目前还没有 RFID 数据的公开基准数据，本书中用到的 RFID 数据主要是通过相关文献内给定的链接获取。

第 2 章　RFID 数据管理技术研究进展

影响 RFID 技术应用的主要因素是 RFID 读写器产生的数据流的不可靠性，所以产生的大量不可靠数据对于高层的应用系统来说是没有价值的。因此，脏读数据（不可靠数据）的清洗亟待解决。在传统的数据管理系统中，数据清洗是一个常见的问题。例如，在数据仓库内，数据大多是离线的、集中的，有时只将处理聚焦于一小部分定义好的任务上。相反，RFID 数据是时间敏感的，比如在库存控制系统中，对数据的实时性要求就很高。它要求在数据流到达应用系统或者用户之前，在线清洗 RFID 数据流。在 RFID 数据管理系统中，脏读数据通常以三种形式出现，分别为漏读、多读、冗余。因此，RFID 数据流的管理是非常必要的。

本章将综述 RFID 数据管理技术的研究进展，主要包括：RFID 数据清洗、RFID 复杂事件处理、RFID 数据查询、RFID 数据仓库、RFID 数据挖掘、RFID 系统应用、相关综述文献等当前的研究现状与进展。

2.1　RFID 数据清洗

2.1.1　漏读数据清洗

（1）室内 RFID 数据中漏读数据的处理。射频识别（RFID）是室内环境中目标跟踪和监控系统的有用技术，例如机场行李跟踪。然而，RFID 跟踪产生的数据具有内在的不确定性和误差。为了支持有意义的高级应用程序，包括对 RFID 数据的查询和分析，有必要清洗原始 RFID 数据。Baba

等（2014）重点研究了原始室内 RFID 跟踪数据中的假阴性。当移动物体通过 RFID 读写器的检测范围，但读写器无法产生任何读数时，就会出现误报。他们研究了室内空间的拓扑结构以及 RFID 读写器的部署，并提出了捕获物体从一个 RFID 读写器移动到另一个 RFID 读写器的转移概率。他们将这些概率与室内拓扑结构和 RFID 读写器的特征一起组织成概率距离感知图，并借助该图设计了识别室内 RFID 跟踪数据中漏报和恢复丢失信息的算法。此外，他们还使用真实数据集和合成数据集来评估建议的清洗方法。实验结果表明，该方法有效、高效、可扩展。

（2）有成本意识地清洗海量 RFID 数据集。高效准确的数据清洗是成功部署 RFID 系统的一项基本任务。尽管在标签检测率方面取得了重要进展，但由于射频（RF）干扰和标签读取器配置，数据清洗仍然常见大量读数丢失。现有的清洗技术专注于开发在各种条件下都能很好工作的精确方法，但忽视了在可能有数千个读写器和数百万个标签的实际应用中清洗的高昂成本。Gonzalez 等（2007）提出了一个清洗框架，该框架采用 RFID 数据集和一系列清洗方法来调控相关成本，并通过确定廉价方法适用的条件，得出一个清洗计划，以优化整体精度调整的清洗成本，以及那些绝对需要更昂贵的方法的情况。

（3）通过分析监控对象的相关性实现高效的 RFID 数据填补。射频识别（RFID）技术作为一种很有前途的追踪产品和人流技术，在数据库界受到了广泛的关注，但丢失读数的问题限制了 RFID 的应用。因此，人们提出了一些 RFID 数据清洗算法来解决这个问题。然而，大多数人只是根据独立监测对象的历史读数来填补缺失的读数，忽略了监测对象之间的相关性（时空接近度）。Gu 等（2009a）观察到，监测对象的时空相关性对于填补缺失的 RFID 读数非常有用。他们提出了一个 RFID 数据插补模型，通过有效地维护和分析监控对象的相关性制定了优化的数据结构和插补策略，大量的仿真实验证明了该算法的有效性。

（4）如何监控丢失的 RFID 标签。随着 RFID 标签越来越广泛，需要新的方法来管理更多的 RFID 标签。Tan 等（2008）考虑如何准确、有效地监控一组 RFID 标签缺失标签的问题。他们所提出的方法能够准确地监视一组标签，而不从该标签收集 ID。Tan 等的研究不同于传统的研究，传统的研究侧重于研究从每个 RFID 标签中更快地收集 ID 的方法。此外，Tan 等提出了两个监控协议，一个是为受信任的读写器设计的，另一个是为不受信任的读写器设计的。

（5）一种基于模型的 RFID 数据流清洗方法。近年来，RFID 技术已被广泛应用于库存检查和目标跟踪等领域。然而，由于物理设备的限制和不同类型的环境噪声，原始 RFID 数据本质上是不可靠的。目前，现有的工作主要集中在静态环境中的 RFID 数据清洗（如库存检查）。因此，使用现有解决方案很难在移动环境（如对象跟踪）中清洗 RFID 数据流，因为现有解决方案无法有效解决数据丢失问题。Zhao 等（2012）研究了如何清洗用于目标跟踪的 RFID 数据流，这是一个具有挑战性的问题，因为有很大比例的读数经常会丢失。他们提出了一个移动环境中目标跟踪的概率模型，并开发了一种基于贝叶斯推理的方法用于该模型来清洗 RFID 数据。为了从运动分布中采集数据，他们设计了一种顺序采样器，该采样器能够以高精度和高效率的方式清除 RFID 数据。最终，他们通过大量的仿真验证了所提出的解决方案的有效性和鲁棒性，并通过使用两个真实的 RFID 应用程序（人体跟踪和传送带监控）证明了其性能。

（6）基于动态概率路径事件模型的 RFID 数据填补算法。RFID 数据采集过程中漏读现象频频发生，降低了 RFID 应用中查询结果的准确性。目前解决漏读问题的算法主要是以 RFID 原始读数为粒度，并基于标签自身历史读数进行窗口平滑，这种做法会填补许多与查询无关的冗余数据，并且在多逻辑区域参与的复杂应用中填补准确率较低。为解决上述问题，谷峪等（2010a）首次将 RFID 数据从数据层抽象到逻辑区域层作为处理的粒度，提出三种基于动态概率路径事件模型的数据填补算法，通过挖掘已知的区域事件的顺序相关性来对后续发生的事件进行判断和填补，并进一步增加对时间因素的考虑，对概率路径事件模型进行扩展。大量实验证明，他们提出的各个算法在不同的情况下有着不同的性能优势，并且在精简性和准确性上要高于现有的策略。

（7）大规模 RFID 系统中一种能量有效的丢失标签快速检测算法。在基于主动式标签构建的 RFID 系统中，如何以能量有效的方式检测出丢失标签是一个重要的研究问题。针对多读写器 RFID 系统，张士庚等（2014）首次提出一种基于虚拟布鲁姆过滤器的丢失标签检测算法 BMD，该算法能够以较低的能量开销快速地检测出丢失标签。算法的核心思想是让标签在一个查询帧中对 RFID 读写器进行多次回复，并基于回复信息构造若干"虚拟"布鲁姆过滤器来进行丢失标签检测。理论分析和仿真结果均表明了 BMD 算法的有效性。相比于传统的基于标签标识号收集的检测方法，BMD 算法的能耗要低一个数量级，算法执行时间最高减少了 52%；相比于当前最好的单读写器丢失标签检测算法 IIP，BMD 算法的能耗要低两个数量级以上，并且算法执行时间最高减少了 80%。

2.1.2　不确定性数据清洗

（1）完整性约束条件下的 RFID 监控对象轨迹数据清洗。Fazzinga 等（2014a）引入了一种概率框架，以减少为 RFID 监控对象收集的轨迹数据的固有不确定性。该框架将对象在每一时刻的位置表示为一个随机变量，覆盖一组可能的位置。根据先验概率分布初始化该随机变量的概率密度函数，然后通过调节其在满足完整性约束的情况下的条件进行修正。特别地，利用了位置图的结构所隐含的完整性约束（即直接不可达性、延迟和最小旅行时间约束）和被监视对象的运动特性（如最大速度）。Fazzinga 等的研究在合成数据上对所提出方法的效率和有效性进行了实验评估。

（2）RFID 轨迹数据的离线清洗。Fazzinga 等（2014b）提出了一种离线清洗技术，用于将 RFID 跟踪的移动对象生成的读数转换为地图上的位置。它包含一个基于网格的双向过滤方案，其中嵌入了一个用于处理缺失检测的采样策略。首先，按时间顺序处理读数。在每个时间点 t，根据其在前一时间点过滤后的位置的可达性，过滤与 t 处读数兼容的位置（即地图上假定的网格单元）。其次，对第一次滤波后幸存下来的位置进行重新滤波，按相反顺序应用相同的方案。最后，随着两个阶段的进行，在每个时间点 t 逐步评估每个候选位置的概率，该概率集合了给定过去和未来位置以及给定 t 处读数的实际位置的三个概率。在第一滤波阶段的某些步骤中采用采样程序，以智能地减少在下一步骤中被视为候选位置的单元数量，因为它们的数量在连续缺失检测的情况下会急剧增加。实验验证了该方法的有效性。

（3）利用完整性约束清洗 RFID 监控对象的轨迹。Fazzinga 等（2016）介绍了一种用于清除射频识别（RFID）跟踪系统收集的数据的概率框架。必须清洗的是可能解释读数的轨迹集：该集合中的轨迹是一个序列，其通用元素是在相应时间点进行检测的读写器所覆盖的位置。清洗由完整性约束引导，包括丢弃不一致的轨迹，并为其他轨迹分配适当的实际概率。通过采用概率条件，评估概率逻辑包括以下步骤：首先，根据时间点之间的独立性假设，为轨迹分配先验概率。然后，根据约束编码的时空相关性对这些概率进行修正。这是通过将每条轨迹的先验概率调节为满足约束的事件来实现的，这意味着取该先验概率与所有一致轨迹的先验概率之和的比率。他们所提出的方法不是通过具体化所有轨迹及其先验概率来执行这些步骤（这是不可行的，因为轨迹通常数量巨大），而是利用一种称为条件轨迹图（ct 图）的数据结构，该结构紧凑地表示轨迹及其条件概率，以及一种高效构建 ct 图的算法，该算法逐步构建 ct 图，同时避免构建编码不一致轨迹的组件。

（4）基于相关可变持续时间 HMM 的流式 RFID 数据的概率建模。射频识别（RFID）已广泛应用于自动化制造、零售和供应链管理等领域的产品流跟踪。流式 RFID 数据的特殊特性，结合 RFID 应用的具体场景，在 RFID 流处理中提出了许多挑战，包括噪声和不完整数据、时间和空间相关性以及非常巨大的容量。Nie 等（2009）提出了一个概率模型，即相关可变持续时间隐马尔可夫模型（CVD HMM），用于捕获标记对象位置的不确定性和相关性。基于此模型，可以从原始 RFID 流中推断对象位置。Nie 等所提出的模型可以通过从样本 RFID 读数中学习其关键参数进行自我调整。实验结果表明，该模型和初步推理技术是有效的。

（5）SCREEN：速度限制下的流数据清洗。流数据通常是"脏"的，例如，由于传感器读数不可靠或错误提取股票价格。大多数流数据清洗方法都使用平滑过滤器，这可能会在不保留原始信息的情况下严重改变数据。Song 等（2015）认为，清洗应该避免更改那些原来正确/干净的数据，即数据清洗中的最小更改原则。为了获取关于什么是干净的知识，考虑（广泛存在的）对数据变化速度的限制，如每小时的燃料消耗或股票价格的每日限制。在这些语义约束的指导下，他们提出了 SCREEN，这是第一种基于约束的流数据清洗方法。值得注意的是，现有的数据修复技术将（一系列）数据作为一个整体进行清洗，无法支持流计算。为此，须将整个序列上的全局最优解松弛为窗口中的局部最优解。与一般数据修复问题中常见的 NP 困难不同，主要贡献包括：①用于全局最优的多项式时间算法；②在有效中值原则下朝向局部最优的线性时间算法；③对数据点乱序到达的支持；④自适应窗口大小，以平衡维修精度和效率。在真实数据集上的实验表明，与现有的平滑等方法相比，SCREEN 可以显示出更高的修复精度。

（6）一种基于抽样的信息恢复方法。最近，人们对噪声和不完整数据的研究兴趣重新兴起，许多应用程序需要从此类数据中恢复信息。理想情况下，信息恢复方法应具有以下特性：第一，它应该能够结合关于数据的先验知识，即使这些知识是以复杂分布和约束的形式存在的，而这些分布和约束不存在封闭形式的解决方案；第二，它应该能够捕获复杂的相关性，量化恢复数据中的不确定性程度，并进一步支持对此类数据的查询。数据库社区已经开发了许多信息恢复的方法，但没有一种通用性足以提供所有上述功能。为了克服这些局限性，Xie 等（2008）采用了一种更为通用的基于抽样的信息恢复方法。他们采用的顺序重要性抽样是一种来自统计的技术，适用于复杂的分布，在数据受到约束时，它的性能显著优于原始抽样。Xie 等在两个应用场景中演示了此方法的通用性和效率：清洗RFID 数据以及从已发布的数据中恢复信息，这些数据已被汇总并随机用于隐私。

2.1.3　多读数据清洗

（1）KLEAP：一种有效的清除 RFID 流中交叉读取的方法。近年来，RFID 技术已广泛应用于各种应用领域。然而，由于环境因素的干扰和射频技术的限制，RFID 读写器采集的数据流通常包含大量的交叉读取。为了解决这个问题，Liao 等（2011）提出了一种基于内核密度的概率清洗方法（KLEAP）来消除滑动窗口中的交叉读取。该方法使用基于核函数估计每个标签的密度，与具有最大密度的微集群相对应的读写器将被视为标记对象在当前窗口中应定位的位置，并且从其他读写器获得的读数将被视为交叉读数。实验验证了该方法的有效性。

（2）RFID 交叉读仲裁方法研究。在密集 RFID 读写器部署环境中，读写器的实际探测区域与其所关注的空间单元之间存在空间失配现象，由空间失配引发的 RFID 数据交叉读问题会导致位置信息冲突，进而无法满足RFID 上层应用的需求。基于交叉读仲裁概念的定义以及交叉读典型场景的抽象，潘巍等（2012）提出了利用参考标签思想结合信号强度特征的相对定位技术来解决交叉读仲裁的新颖思路，设计并实现了基于滑动窗口的交叉数据读入检测和仲裁的核心算法。实验结果表明，仲裁算法在不增加

RFID 读写器网络负载的条件下，可以在 RFID 数据流中有效、及时地检测出存在位置信息冲突的交叉读数据，并通过仲裁处理给出准确的相对位置归属信息。

2.1.4　冗余数据清洗

基于 d-左时间布鲁姆滤波器（d-Left Time Bloom Filter）的 RFID 数据流近似重复消除。在基于 RFID 的系统中，一个 RFID 读写器或部署到同一区域的一些 RFID 读写器多次读取 RFID 标签，因此 RFID 数据流中存在大量重复项。现有的基于时间 Bloom Filter（TBF）的重复消除方法需要多个计数器来存储 RFID 数据流中元素的检测时间，从而浪费了宝贵的内存资源。Wang 等（2014）设计了 d-左时间布鲁姆滤波器（DLTBF），作为 d-左计数布鲁姆滤波器的扩展。通过 d-left 散列（一种平衡分配机制），DLTBF 可以将检测到的元素时间存储到一个计数器中。在此基础上，他们提出了一种基于 DLTBF 的一次近似消除 RFID 数据流中重复项的方法。在 RFID 数据流中，假设元素的检测时间为 T 位，即需要 T 位来存储 RFID 数据流中元素的检测时间，在 τ 的时间长度内，非重复元素的数量为 W，并且所提出的方法将非重复元素视为重复元素的概率为 ε（假阳性概率），那么该方法使用的比特数为 O $[W \log_2 (1/\varepsilon) + WT]$。通过对合成数据的实验结果验证了该方法的有效性。

2.1.5　异常数据清洗

基于距离的分布式 RFID 数据流孤立点检测。RFID 技术已广泛应用于实时监控、对象标识及跟踪等领域，及时发现被监控标签对象的异常状态显得十分重要。然而，由于无线通信技术的不可靠性及环境因素影响，RFID 读写器收集到的数据常常包含噪声。针对分布式 RFID 数据流的海量、易变、不可靠及分布等特点，廖国琼和李晶（2010）提出了基于距离的局部流孤立点检测算法 LSOD 和基于近似估计的全局流孤立点检测算法 GSOD。LSOD 需要维护数据流结构 CSL 来识别安全内点，然后运用安全内点的特性来节省流数据的存储空间和查询时间。根据基于距离的孤立点定义，在中心节点上的全局孤立点是位于每个分布节点上孤立点集合的子集。GSOD 采用抽样方法进行全局孤立点近似估计，以减少中心节点的通信量及计算负荷。实验表明，他们所给出的算法具有运行时间短、占用内存小、准确率高等特点。

2.1.6 漏读和不确定性数据清洗

（1）RFID 数据流的自适应清洗。为了补偿 RFID 数据流固有的不可靠性，大多数 RFID 中间件系统采用"平滑过滤器"，即滑动窗口聚合，用于插入丢失的读数。Jeffery 等（2006a）提出了 SMURF，一个用于 RFID 数据清洗的声明式自适应平滑滤波器。SMURF 通过将 RFID 流视为物理世界中标签的统计样本来模拟 RFID 读数的不可靠性，并利用基于采样理论的技术来驱动其清洗过程。通过使用二项式抽样和 π-估计器等工具，SMURF 以原则性的方式不断调整平滑窗口大小，为应用程序提供准确的 RFID 数据。

（2）传感器数据流在线清洗的流水线框架。通过传感器设备从物理世界捕获的数据往往是嘈杂和不可靠的，而面向数据仓库的标准技术不容易处理此类数据的数据清洗过程，因为这些技术不考虑受体数据的强时间和空间成分。Jeffery 等（2006b）提出了可扩展传感器流处理（ESP），这是一个基于声明性查询的框架，旨在清洗传感器设备产生的数据流。

（3）对传感器数据清洗的声明性支持。普及应用依赖于通过传感器设备从物理世界捕获的数据，但这些设备提供的数据往往不可靠。因此，在应用程序使用数据之前，必须先清洗数据，但这会增加应用程序开发和部署的复杂性。Jeffery 等（2006c）介绍了可扩展传感器流处理（ESP），这是一个用于构建传感器数据清洗基础设施的框架，用于普及应用。ESP 被设计为一个管道，使用基于传感器数据的空间和时间特征的声明性清洗机制。他们通过三个真实场景演示了 ESP 的有效性和易用性。

（4）移动环境下 RFID 流的概率推断。RFID 技术的最新创新正在零售、医疗保健、制药和供应链管理领域实现大规模经济高效的部署。由于读写器固有的移动性、噪声增加和数据不完整，移动或手持读写器的出现给 RFID 流处理带来了严峻的新挑战。Tran 等（2009）解决的问题是将移动 RFID 读写器中嘈杂、不完整的原始流转换为带有位置信息的干净、精确的事件流。具体来说，他们提出了一个概率模型来捕获读写器的移动、对象动力学和噪声读数。该模型可以通过从观测数据自动估计关键参数来进行自校准。基于此模型，他们采用了一种称为粒子滤波的基于采样的技术，从移动 RFID 读写器的原始流中推断出关于对象位置的清晰、精确的信息。基于标准粒子过滤的推理在 Tran 等的设置中既不可扩展也不高效，因此提出了粒子分解、空间索引和信念压缩三个增强功能用于对大量对象和高容量流进行可扩展推理。实验表明，与 SMURF 等现有的数据清洗方法相比，Tran 等所提出的方法可以减少 49% 的错误，同时具有可扩展性和高效性。

（5）不确定数据处理，移动 RFID 系统中的高效标签识别。Xie 等（2010）考虑如何有效地识别移动输送机上的标签。考虑到现实环境中的路径丢失和多径效应等情况，他们提出了一个 RFID 标签识别的概率模型。基于该模型，根据输送机上的固定路径移动，他们还提出了识别移动 RFID 标签的有效解决方案。此外，他们还提出了一种基于动态程序的解决方案和一种自适应的解决方案，用于在查询周期中选择优化的帧大小。仿真结果表明，通过利用概率模型，Xie 等所提出的解决方案可以获得比在理想传播情况下使用参数更好的性能。

2.1.7　多读和冗余数据清洗

（1）噪声、冗余 RFID 数据清洗。RFID 有望在没有直线接触的情况下实时识别、定位、跟踪和监控物理对象，并可用于广泛的普适计算应用。为了实现这些目标，必须收集、过滤 RFID 数据，并将其转换为语义应用程序数据。然而，RFID 数据包含错误读数和重复数据，除非对这些数据进行过滤和清洗，否则应用程序无法直接使用这些数据。虽然 RFID 数据通常到达速度快且数量大，但其检测通常需要高效的处理，特别是对于那些实时监控应用程序。同时，RFID 标签观测的顺序保持对于许多应用来说是至关重要的。Bai 等（2006）提出了几种有效的方法来过滤 RFID 数据，包括噪声消除和重复消除。实验证明了所提出方法的有效性。

（2）室内 RFID 数据中同一位置冗余读与多位置冗余读的处理。RFID 越来越多地应用于室内跟踪系统，如机场行李监控。然而，原始 RFID 读数中的"污垢"阻碍了从监测到分析的有意义的高级应用程序的应用进展。因此，在这样的系统中清除 RFID 数据是必不可少的。Baba 等

（2013）主要关注室内 RFID 原始数据的两个质量方面：时间冗余和空间模糊。前者是指在一段时间内，同一物体和同一 RFID 读写器的大量重复读数。后者是指由于不同读写器同时进行多次读取而导致的物体下落不明。他们研究了室内空间的时空特征以及 RFID 读写器的部署，并利用它们设计有效的数据清洗技术。具体而言，汇总原始 RFID 读数以减少时间冗余；设计一个距离感知图来解决室内拓扑和图中捕获的 RFID 读写器部署的空间模糊性。他们使用了真实数据集和合成数据集评估时空数据清洗技术。实验结果表明，所提出的技术在清除室内 RFID 跟踪数据方面是有效的。

（3）利用时空冗余进行 RFID 数据清洗。RFID 技术用于数据采集的许多应用中。然而，原始 RFID 读数通常质量较低，可能包含许多异常。RFID 数据清洗的理想解决方案应针对以下问题。第一，在许多应用中，同一对象的重复读数（由多个读写器同时读取或由单个读写器在一段时间内读取）非常常见。解决方案应利用由此产生的数据冗余进行数据清洗。第二，关于读写器和环境的先验知识（如先前的数据分布、读写器的误报率）可能有助于提高数据质量和消除数据异常，并且期望的解决方案必须能够基于此类知识量化不确定性的程度。第三，解决方案应利用目标应用程序中的给定约束（如同一位置的对象数量不能超过给定值）以提高数据清洗的准确性。然而，有许多现有的 RFID 数据清洗技术都不支持上述所有功能。Chen 等（2010）提出了一种基于贝叶斯推理的 RFID 原始数据清洗方法，该方法充分利用了数据冗余。为了捕获这种可能性，设计了一个 n 状态检测模型，并正式证明了 3 状态模型可以最大化系统性能。此外，为了从后面采样，他们还设计了一个带有约束的 Metropolis-Hastings 取样器（MH-C），该取样器结合了约束管理来高效准确地清洗 RFID 原始数据。Chen 等用一个常见的 RFID 应用程序验证了所提出的解决方案，并通过大量的仿真展示了该方法的优势。

（4）一种从 RFID 数据流中去除冗余数据的方法。RFID 系统正在成为主要的对象识别机制，尤其是在供应链管理中。然而，RFID 会自然产生大量重复读数，从 RFID 数据流中删除这些重复项至关重要，因为它不会为系统提供新信息并浪费系统资源。现有的解决这一问题的方法不能满足处理海量 RFID 数据流的实时性要求。为此，Mahdin 等（2011）提出了一种数据过滤方法，可以有效地检测和删除 RFID 数据流中的重复读数。实验结果表明，与现有方法相比，该方法具有显著的改进。

（5）大规模 RFID 系统的基数估计。计数或估计标签数量对于大规模 RFID 系统至关重要。最近，有学者提出使用多个读写器来提高读取 RFID 标签的效率和有效性。一方面，由于处理时间较长，基于标签识别的计数方案通常是不切实际的，尤其是当标签附着在移动对象上时。另一方面，现有的基于估计的方案存在多重读取问题。为了解决这个问题，Qian 等（2008）提出了彩票帧（LoF）方案，这是一种复制不敏感的估计协议，能够消除多个读数。他们通过分析和仿真，证明了 LoF 方案的高精度、短处理时间和低开销的特点。

2.1.8　漏读和多读数据清洗

（1）基于学习的室内 RFID 数据清洗。RFID 广泛用于室内环境中的目标跟踪，例如机场行李跟踪。通过分析 RFID 数据，可以深入了解底层的跟踪系统以及相关的业务流程。然而，RFID 数据固有的不确定性，包括噪声（交叉读数）和不完整性（缺失读数），对高级 RFID 数据查询和分析提出了挑战。Baba 等（2016）通过提出一种基于学习的数据清洗方法来应对这些挑战，与现有方法不同，该方法不需要关于室内空间和 RFID 读写器部署的时空特性的详细先验知识，而只需要有关 RFID 部署的最少信息就可以从原始 RFID 数据中学习相关知识，并使用它来清洗数据。因为室内空间仅被有限数量的 RFID 读写器部分覆盖所以将原始 RFID 读数建模为稀疏的时间序列。Baba 等提出了室内 RFID 多变量隐马尔可夫模型（IR-MHMM）来捕获室内 RFID 数据的不确定性以及移动对象位置和对象 RFID 读数的相关性。他们为 IR-MHMM 提出了三种状态空间设计方法，使其能够在与原始 RFID 数据时间序列竞争时学习参数。Baba 等仅使用未经处理的原始 RFID 数据来学习模型参数，不需要特殊的标记数据。由此产生的基于 IR-MHMM 的 RFID 数据清洗方法能够高效地恢复丢失的读数并减少交叉读数，这一点已通过对合成数据和真实数据的大量实验研究得到证明。如果有足够的室内 RFID 数据可供学习，与现有的需要非常详细的先验知识的方法相比，Baba 等所提出的方法在数据清洗方面具有可比拟的或者更好的精度，从而使该解决方案在有效性和应用性方面都具有优势。

（2）清洗室内 RFID 跟踪数据。RFID 技术已越来越多地应用于室内环境中的目标跟踪和监测。然而，RFID 数据的不确定性（包括噪声和不完整性）阻碍了 RFID 数据在更高层次上的查询和分析。因此，为此类应用清洗 RFID 数据至关重要。Baba 等（2017）介绍了在室内环境下对 RFID 数据清洗的综合研究，并关注了这类 RFID 数据中的两个固有错误：假阳性（意外交叉读数）和假阴性（缺失读数）。他们在提出的基于图模型的方法中，设计了一个概率距离感知图来表示室内拓扑结构、RFID 读写器的部署及其传感参数。他们还使用转移概率来增强图的性能，以提高捕获对象从一个 RFID 读写器移动到另一个读写器的可能性。基于该图，设计了减少误报和恢复误报的清洗算法；在基于学习的方法中，提出了一种室内 RFID 多变量隐马尔可夫模型（IR-MHMM）来捕获室内 RFID 数据的不确定性以及移动对象位置和对象 RFID 读数的相关性。Baba 等仅使用原始 RFID 数据学习 IR-MHMM 参数。基于学习的方法在 IR-MHMM 模型的帮助下能够提供与基于图形模型的方法相当甚至更好的清洗性能，尽管前者需要的先验知识比后者少得多。

（3）基于监控对象动态聚簇的高效 RFID 数据清洗模型。由于 RFID 技术采用无线射频信号进行数据通信，漏读和多读现象时有发生，降低了其在事件检测中查询结果的准确性。在很多 RFID 监控应用中，监控物体都是以动态变化的小组为单位进行活动的。谷峪等（2010b）通过定义关联度和动态聚簇对各个 RFID 监控物体所在的小组进行动态的分析，并在此基础上定义了一套关联度维护和数据清洗的模型和算法。通过对图模型进行压缩，他们提出了基于分裂重组思想的链模型关联度维护策略，提高了维护的时空效率。模拟实验结果表明，该数据清洗模型可以获得较好的效率和准确性。

2.1.9 漏读、多读和冗余数据清洗

（1）利用读写器之间的通信信息进行 RFID 数据清洗。RFID 技术用于数据采集的许多应用中。然而，由于经常出现假阴性、假阳性和重复读数，原始 RFID 读数的质量通常较低。许多 RFID 数据清洗技术被提出来解决这个问题，如 Jiang 等（2011）探索了利用通信信息进行 RFID 数据清洗，并使 RFID 读写器在早期阶段产生更少的脏数据。首先，设计了一个读者通信协议，以有效地利用读者之间的通信信息。其次，提出了带参数

的单元事件序列树。最后，提出了三种新的 RFID 数据清洗方法，分别用于重复读取、误报读取和数据插值。调查研究发现，这是第一个在 RFID 数据清洗中利用读写器之间的通信信息的方法。通过大量的实验，实验结果证明了所提出方法的可行性和有效性。

（2）RFID 数据流中的近似重复消除。RFID 技术在检测 RFID 标签时不需要接触，因此它已被广泛应用于各个领域。然而，在许多情况下检测 RFID 标签时存在多个读数且部署了多个读写器，导致 RFID 数据包含许多重复数据。由于 RFID 数据是以流式方式生成的，很难在内存有限的情况下一次性删除重复项。Lee 和 Chung（2011a）提出了一种基于布鲁姆滤波器的单通近似方法，该方法使用少量内存。首先设计了时间布鲁姆过滤器作为布鲁姆过滤器的简单扩展；然后，提出时间间隔布鲁姆过滤器，以减少错误。时间间隔布鲁姆过滤器比时间布鲁姆过滤器需要更多的空间，因此他们提出了一种减少时间间隔布鲁姆滤波器空间的方法。时间布鲁姆过滤器和时间间隔布鲁姆过滤器都基于布鲁姆过滤器，因此它们不会产生假阴性错误。实验结果表明，该方法可以有效地消除重复的 RFID 数据流，并且只需扫描一遍数据，同时也只需少量的内存。

（3）一种用于 RFID 数据分析的延迟清洗方法。RFID 在许多领域得到了广泛的应用。实现基于 RFID 的系统的挑战之一是处理 RFID 读取中的异常，而少量异常可转化为分析结果中的较大误差。传统的"急切"方法预先清洗所有数据，然后对清洗后的数据应用进行查询。然而，当多个应用程序对同一数据集的异常和校正进行不同的定义，并且并非所有异常都可以事先定义时，这种方法是不可行的，这需要在查询时进行异常处理。Rao 等（2006）介绍了一种用于检测和纠正 RFID 数据异常的延迟方法。每个应用程序都使用基于声明序列的规则指定相关异常的检测和纠正，然后根据应用程序指定的清洗规则自动重写应用程序查询，以提供清洗数据的答案。他们开发了两种新的重写方法，都是通过利用应用程序查询中的谓词来减少要清理的数据量，同时保证正确的答案。利用标准化的 SQL/OLAP 功能来实现在基于声明序列的语言中指定的规则。这允许使用DBMS 的现有查询处理功能有效地评估清洗规则。实验结果表明，对于RFID 数据上的典型分析查询，延迟清洗是可以承受的。

（4）基于有限状态机的 RFID 流数据过滤与清洗技术。为了实现从大量不可靠、冗余的 RFID 流数据中提取有效信息，提高 RFID 系统中数据的质量，罗元剑等（2014）提出了一种基于有限状态机的 RFID 流数据过滤与清洗方法。实验结果表明：该方法能够有效过滤系统外标签数据，清理系统内部冗余标签数据，筛选有效标签数据，并能够降低漏读、误读带来的风险。最后，利用地理信息系统的可视化技术，将过滤与清洗结果展示在地图上。

2.1.10 漏读、多读和错误数据清洗

利用完整性约束概率纠正输入数据错误。移动和普及应用程序通常依赖 RFID 天线或传感器（光、温度、运动）等设备向其提供有关物理世界的信息。然而，这些设备是不可靠的，因为它们产生信息流时，其中部分数据可能丢失、重复或错误。目前的技术水平是局部校正误差（如温度读数的范围限制）或使用空间/时间相关性（如平滑温度读数）。然而，错误通常仅在全局设置中才明显，例如已知存在的对象的读数缺失，或停车场的读数与进入读数不匹配。Khoussainova 等（2006）介绍了 StreamClean，一个使用应用程序定义的全局完整性约束自动纠正输入数据错误的系统。由于通常不可能确定地进行纠正，他们提出了一种概率方法，其中系统为每个输入元组分配正确的概率。同时，他们展示了 StreamClean 可以处理大量的输入数据错误，并且能够以足够快的速度纠正这些错误，以跟上许多移动和普及应用程序的输入速率。他们还证明 StreamClean 分配的概率对应于用户直观的正确性概念。

2.1.11 漏读、多读、冗余和不确定性数据清洗

供应链管理中不确定 RFID 数据处理框架。在供应链管理中，RFID 被广泛用于跟踪。然而，RFID 读写器产生的大量不确定数据不适合直接用于 RFID 应用。在深入分析 RFID 对象的关键特征之后，Xie 等（2013）提出了一种新的框架，用于高效地处理不确定的 RFID 数据，并支持各种查询跟踪和跟踪 RFID 对象。特别地，他们提出了一种自适应清洗方法，该方法根据不确定数据的不同速率调整平滑窗口的大小，采用不同的策略处理不确定数据，并根据不确定数据的出现位置区分不同类型的数据。同时，他们提出了一个全面的数据模型，适用于广泛的应用场景。此外，他

们还提出了一种路径编码方案，通过聚合路径序列、位置和时间间隔来显著压缩海量数据。实验评估表明，Xie 等提出的方法在压缩和跟踪查询方面是有效的。

表 2-1 展示的是各学者提出的 RFID 数据清洗方法的对比。

表 2-1　RFID 数据清洗方法对比

文献	清洗数据类型				场景	描述
	漏读	多读	冗余	其他		
Bai Y 等（2006）		√	√		供应链与物流	提出了几种方法来过滤 RFID 数据，包括噪声和重复消除
Baba A I 等（2013）		√	√		室内对象跟踪	汇总原始 RFID 读数以减少同一位置冗余读，用距离感知图减少多位置冗余读
Baba A I 等（2014）	√				室内对象跟踪	需要物体转移概率、概率距离感知图
Baba A I 等（2016）	√	√			室内对象跟踪	只需要有关 RFID 部署的最少信息，多变量隐马尔可夫模型（IR-MHMM）
Baba A I 等（2017）	√	√			室内对象跟踪	概率距离感知图，其他同文献（Baba A I 等，2016）
Chen H 等（2010）		√	√		室内对象跟踪	利用读写器和环境的先验知识及自定义约束，设计了基于贝叶斯推理的数据清洗方法
Fazzinga B 等（2014a）				不确定性	室内对象跟踪	利用位置图的结构所隐含的完整性约束和被监视对象的运动特性，减少数据的不确定性
Fazzinga B 等（2014b）				不确定性	室内对象跟踪	离线清洗技术，用于将 RFID 跟踪的移动对象生成的读数转换为地图上的位置
Fazzinga B 等（2016）				不确定性	室内对象跟踪	利用完整性约束清理 RFID 监控对象的轨迹
Gonzalez H 等（2007）	√					有成本意识地清洗海量 RFID 数据集

文献	清洗数据类型				场景	描述
	漏读	多读	冗余	其他		
Gu Y 等（2009a）	√				智能博物馆	通过分析监控对象的相关性实现高效的 RFID 数据填补
Jeffery S R 等（2006a）	√			不确定性		提出 SMURF，一个用于 RFID 数据清洗的声明式自适应平滑滤波器
Jeffery S R 等（2006b），Jeffery S R 等（2006c）	√			不确定性	零售货架	提出可扩展传感器流处理框架（ESP），这是一个基于声明性查询的框架
Jiang T 等（2011）	√	√	√		展馆	利用读写器之间的通信信息进行 RFID 数据清洗
Khoussainova N 等（2006）	√	√		错误	仓库、车库	利用完整性约束概率纠正输入数据错误
Lee C H 等（2011a）	√	√	√		沃尔玛超市	利用布鲁姆滤波器消除 RFID 数据流中的近似重复
Liao G 等（2011）		√			零售、供应链	提出了一种基于内核密度的概率清洗方法（KLEAP）来消除滑动窗口中的交叉读数
Mahdin H 等（2011）		√	√		供应链（仓库装卸间）	能满足处理海量 RFID 数据流的实时性要求的去除冗余数据方法
Nie Y 等（2009）				不确定性	零售货架	提出相关可变持续时间隐马尔可夫模型（CVD HMM），用于捕获标记对象位置的不确定性和相关性
Qian C 等（2008）		√	√		单/多读写器场景	提出了彩票帧（LoF）方案消除多重读取问题，用于计算标签个数
Rao J 等（2006）	√	√	√		供应链	一种用于检测和纠正 RFID 数据异常的延迟数据清洗方法

续表

文献	清洗数据类型				场景	描述
	漏读	多读	冗余	其他		
Song S 等（2015）				不一致不完整错误	传感器、股市	一种基于约束的流数据清洗方法
Tan C C 等（2008）	√				零售库存管理	提出两个协议来监控丢失的 RFID 标签（丢失物品）
Tran T 等（2009）	√			不确定性	移动环境	将移动 RFID 读写器中嘈杂、不完整的原始流转换为带有位置信息的干净、精确的事件流
Wang X 等（2014）			√		大型百货公司	提出基于 d-左时间布鲁姆滤波器（d-left Time Bloom Filter）的 RFID 数据流近似重复消除方法
Xie D 等（2013）	√	√	√	不确定性	供应链	提出了一种自适应清洗方法，根据不确定数据的不同速率调整平滑窗口的大小，采用不同的策略处理不确定数据
Xie J 等（2008）				数据恢复		一种基于抽样的信息恢复方法
Xie L 等（2010）	√			不确定性	输送带上固定路径	现实环境中的路径丢失和多径效应等情况，提出一个 RFID 标签识别的概率模型
Zhao Z 等（2012）	√				移动环境	一种基于贝叶斯推理的方法，使用移动环境中目标跟踪的概率模型来清洗 RFID 数据
谷峪等（2010a）	√				公园	将 RFID 数据从数据层抽象到逻辑区域层作为处理的粒度，提出三种基于动态概率路径事件模型的数据填补算法
谷峪等（2010b）	√	√			智能博物馆	基于监控对象动态聚簇的高效 RFID 数据清洗模型

续表

文献	清洗数据类型				场景	描述
	漏读	多读	冗余	其他		
廖国琼等（2010）				异常数据检测	分布式环境	基于距离的分布式 RFID 数据流孤立点检测
罗元剑等（2014）	√	√	√		实验室	基于有限状态机的 RFID 流数据过滤与清洗技术
潘巍等（2012）		√			仓库、超市、图书馆	RFID 交叉读仲裁方法
张士庚等（2014）	√					提出一种基于虚拟布鲁姆过滤器的丢失标签检测算法

2.2 RFID 复杂事件处理

2.2.1 以低延迟为目标的乱序事件处理

（1）乱序数据流上的高性能动态模式匹配。当前针对流数据的模式检测的研究认识到需要超越严格有序输入的简单正则表达式模型。Chandramouli 等（2010）继续朝着这个方向前进，放松某些模型中存在的限制，取消对有序输入的要求，并允许流修改（修改先前事件）。此外，认识到现代应用程序中感兴趣的模式可能在查询的生命周期内频繁更改，他们支持在不阻塞输入或重新启动运算符的情况下更新模式规范。Chandramouli 等提出的新模式运算符（简称为 AFA）是非确定性有限自动机（NFA）的流式自适应，在 NFA 中，附加的基于模式的用户定义信息（也称为寄存器）在执行期间可供 NFA 转换访问。AFA 支持动态模式，模式本身可以随时间变化。Chandramouli 等为 AFA 提出了干净的顺序不可知的模式检测语义，新算法允许非常高效的实现，同时保留了显著的表达能力，并支持乱序输入、流修订、动态模式和一些优化的本地处理。在 Microsoft Stream-Insight 上的实验表明，实现的事件速率超过 200K 个事件/秒（比更简单的方案高出 5 倍）。他们所提出的动态模式提供了比解决方案（如操作员重启）高出几个数量级的吞吐量；所提出的其他优化方案非常有效，导致内存和延迟较低。

（2）一种复杂事件处理优化技术。对于 RFID 技术的广泛应用至关重要的是如何有效地将 RFID 读数序列转换为有意义的业务事件。与传统事件相反，RFID 读取通常具有高容量和高速度，并且具有表示其读取对象、发生时间和地点的属性。基于这些特点和非确定性有限自动机（NFA）实现框架，Chen 等（2008）研究了 RFID 复杂事件处理的性能问题，并提出了相应的优化技术。他们所提出的技术包括：①利用否定事件或事件之间的排他性来修剪中间结果，从而减少内存消耗；②利用复杂事件的不同选择性，有目的地重新排序事件之间的连接操作，提高整体效率，从而实现更高的流吞吐量；③利用基于时隙或基于 B+树的方法在时间窗约束下优化处理性能。他们给出了这些技术的分析结果，并通过实验验证了它们的有效性。

（3）分布式监控流上的期限感知复杂事件处理模型。数据流上的复杂事件处理引起了数据库界的广泛关注，特别是随着无处不在的数据传感设备的发展，一些关键任务应用程序具有确定的 QoS 需求（如事件延迟上限），以便结果有用。然而，大多数现有的复杂事件处理方法只提供具有统计 QoS 的尽力而为服务，例如平均响应延迟，这不能保证在确定的 QoS 需求下响应更多检测到的复合事件。因此，为这些基于事件的应用提供一种确定性的基于 QoS 的处理模型是非常必要的。Gu 等（2012）关注复杂事件处理监控应用中最重要的 QoS 指标，即截止时间。首先，根据监测对象的到达情况，将每个分布式监测流分别建模为一个随机过程。其次，根据广义自动机模型对加工过程进行建模。此外，基于到达和处理模型，提出了一个复杂的基于时间周期的框架，以在截止日期约束下输出更多的复合事件。最后，通过实验评估，验证了所提出的模型在监控场景中的期限感知复杂事件处理的正确性和有效性。

（4）针对高数据速率传感器流的分布式低延迟乱序事件处理。基于事件的系统（EBS）用于检测和分析监控、体育、金融和许多其他领域中有意义的事件。随着数据量和事件的增加，以及事件之间的关联性，事件的顺序处理出现了问题，一般的解决方法是分布式处理。然而，现有的分布式处理方法在处理数据时同样面对着由于网络延迟带来的事件的乱序到达的问题。如果乱序问题没有得到解决，则会使应用系统出现错误结果。Mutschler 等（2013）提出了一种基于 K-slack 的低延迟方法，该方法在没有先验知识的情况下实现了对高数据率传感器和事件流的有序事件处理。在不使用本地或全局时钟的情况下，动态调整空闲缓冲区以适应流中的乱序。中间件透明地重新排列事件输入流，以便事件仍然可以聚合和处理到满足应用程序需求的粒度。在实时定位系统（RTLS）上，该系统在乱序事件到达的情况下执行准确的低延迟事件检测，并且当系统分布在多个线程和机器上时，具有接近线性的性能放大。

（5）乱序数据到达的事件流处理。从 RFID 跟踪的供应链管理到实时入侵检测，复杂事件处理在现代应用中变得越来越重要。其目标是从这些事件流中提取模式，以便实时作出明智的决策。然而，网络延迟甚至机器故障可能会导致事件在事件流处理引擎中乱序到达。Li 等（2007）解决了处理在可能包含乱序数据的事件流上指定的事件模式查询的问题。首先，分析了现有的事件流处理技术在面对乱序数据到达时会遇到的问题。其次，他们为核心流代数操作符（如序列扫描和模式构建）提出了一种新的物理实现策略解决方案，包括基于堆栈的数据结构和相关的清除算法。同时，他们还介绍了序列扫描和构造以及状态清除的优化，以最小化 CPU 成本和内存消耗。最后，他们进行了一项实验研究，证明了所提出方法的有效性。

（6）跨分布式源的基于计划的复杂事件检测。复杂事件检测（Complex Event Detection, CED）是入侵检测、基于传感器的活动和现象跟踪以及网络监控等许多监控应用的关键功能。现有的 CED 解决方案通常假定所有相关事件的集中可用性和处理，因此在分布式设置中会产生大量开销。Akdere 等（2008）提出并评估了能够跨分布式事件源高效执行 CED 的高效通信技术。该技术是基于计划的：生成多步骤的事件获取和处理计划，利用事件之间的时间关系和事件发生统计信息来最小化事件传输成本，同时满足特定于应用程序的延迟预期。他们提出了一个最优指数时间动态规划算法和两个多项式时间启发式算法，以及他们的扩展，用于检测具有公共子表达式的多个复杂事件。通过使用原型实现在合成和真实数据集上进行大量实验，来描述解决方案的行为和性能。

（7）乱序处理：一种新的高性能流系统体系结构。许多流处理系统在查询求值期间对数据流强制执行命令，以帮助解除阻塞运算符并清除有状态运算符的状态。这样的顺序处理（IOP）系统不仅必须对输入流强制执行顺序，而且还要求查询操作符保持顺序。这种保持顺序的需求限制了流系统的实现，并导致显著的性能损失，特别是内存消耗。而对于高性能、潜在的分布式流系统，执行命令的成本可能会令人"望而却步"。Li 等（2008）为流系统引入了一种新的体系结构，即乱序处理（OOP），它避免了排序约束。OOP 体系结构通过使用明确的流进度指示器（如标点符号或心跳）来解除阻塞和清除操作符，从而使流系统从订单维护的负担中解放出来。Li 等描述了 OOP 流系统的实现，并深入讨论了这种体系结构的好处。例如，OOP 方法已被证明对平滑由昂贵的窗口结束操作引起的工作负载突发非常有用，在 IOP 方法中，这可能会压倒内部通信路径。在 Gigascope 和 NiagaraST 两个流系统中实现了 OOP。实验表明，OOP 方法可以在许多方面显著优于 IOP，包括内存、吞吐量和延迟。

2.2.2　以准确性为目标的乱序事件处理

（1）质量驱动的 m 路滑动窗口流连接乱序处理。滑动窗口连接是流应用程序中最重要的操作之一。为了产生高质量的连接结果，流处理系统必须处理由网络延迟、并行处理等引起的输入流中普遍存在的乱序。乱序处理涉及延迟和生成的连接结果质量之间不可避免的权衡。为了满足流应用程序的不同需求，需要提供用户可配置的结果延迟与结果质量的权衡。而现有的乱序处理方法要么不提供这种可配置性，要么只支持用户指定的延迟约束。为此，Ji 等（2016）提倡质量驱动的乱序处理思想，并提出了一种基于缓冲区的滑动窗口连接乱序处理方法。该方法在满足用户指定的结果质量要求的同时，最小化输入排序缓冲区的大小，从而减少结果延迟。该方法的核心是一个分析模型，它直接捕获输入缓冲区大小与生成结果质量之间的关系，且这种方法是通用的，同时还支持具有任意连接条件的 m 路滑动窗口连接。在真实数据集和合成数据集上的实验表明，与现有技术相比，该方法可以将乱序处理引起的结果延迟减少高达 95%，同时提供相同水平的结果质量。

（2）乱序事件流上的序列模式查询处理。复杂事件处理应用的比较广泛，比如供应链管理、实时入侵检测等。提出事件模式是复杂事件处理的关键工作。然而，在提出事件模式的过程中可能会碰到网络延迟和机器故障，从而导致事件到达的乱序。现有的事件流处理技术在遇到乱序数据到达（包括输出阻塞、巨大的系统延迟、内存资源溢出和不正确的结果生成）时遇到了重大挑战。为了解决这些问题，Liu 等（2009）提出了两种备选解决方案：分别采用激进策略和保守策略来处理乱序事件流上的序列模式查询。在乱序事件很少出现的乐观假设下，攻击策略产生最大输出。为了解决乱序事件的意外发生以及由此产生的任何过早错误结果，Liu 等为激进策略设计了适当的错误补偿方法。而保守方法是在乱序数据可能很常见的假设下工作的，因此只有当其正确性得到保证时才会产生输出。Liu 等还提出了一个偏序保证（POG）模型，在此模型下可以保证这种正确性。对于尖峰工作负载下的健壮性，这两种策略都得到了持久存储支持和定制访问策略的补充。实验研究评估了每种方法的稳健性，并将其各自的适用范围与现有的方法进行了比较。

2.2.3 兼顾低延迟和准确性的乱序事件处理

（1）乱序数据流上质量驱动的连续查询执行。在乱序数据流上执行连续查询是一项挑战，其中元组不是根据时间戳排序的，因为高结果准确性和低结果延迟是两个相互冲突的性能指标。尽管许多应用程序允许以精确的查询结果换取较低的延迟，但它们仍然希望生成的结果满足一定的质量要求。然而，现有的乱序处理方法都没有考虑在满足用户指定的查询结果质量要求的同时最小化结果延迟。Ji 等（2015）展示了 AQ-K-slack，这是一种基于缓冲区的自适应乱序处理方法，它支持以质量驱动的方式对乱序数据流执行滑动窗口聚合查询。通过采用基于采样的近似查询处理和控制理论领域的技术，AQ-K-slack 在查询运行时动态调整输入缓冲区大小以最小化结果延迟，同时遵守用户指定的查询结果相对错误阈值。Ji 等演示了一个原型流处理系统，该系统通过实现 AQ-K-slack 扩展了 SAP 事件流处理器。通过交互式界面，观众可以了解聚合函数、窗口规格、结果错误阈值和流属性等不同因素对查询结果延迟和准确性的影响。此外，AQ-K-slack 可以让观众体验到在获得用户期望的延迟与结果准确性之间的权衡方面的有效性，它不是进行极端权衡的朴素乱序处理方法。例如，通过提高 1% 的结果准确率，该系统与现有技术相比，可以将结果延迟降低 80%。

（2）相关概率流上的事件查询。检测数据流中事件的一个主要问题是数据可能不精确（如 RFID 数据）。然而，目前现有的事件检测系统（如 Cayuga、SASE、SnoopIB）在处理数据时一般都基于数据是精确的假设。另外，现有其他相关技术一般使用隐马尔可夫模型来之间捕获数据中的噪声。然而，使用上述模型进行数据的推理产生了现有系统无法直接查询的概率事件流。为了应对这一挑战，Ré 等（2008）提出了 Lahar，一个用于概率事件流的事件处理系统。通过利用数据的概率性质，Lahar 产生了比仅对最可能元组进行操作的确定性技术更高的查全率和查准率。通过使用一种新的静态分析和新算法，Lahar 处理数据的效率比基于采样的朴素方法高出几个数量级。同时，Ré 等还介绍了 Lahar 的静态分析和核心算法。通过原型实现的实验以及与其他方法的比较，展示了该方法的质量和性能。

（3）支持一系列乱序事件处理技术：从激进到保守的方法。Wei 等（2009）介绍了一个复杂的事件处理系统，该系统侧重于乱序处理。现有的事件流处理技术在面对乱序数据到达时遇到了重大挑战，包括巨大的系统延迟、丢失的结果和不正确的结果生成。为此，Wei 等提出了两种乱序处理技术，即保守策略和进取策略，展示了所提出技术的效率，以及它们如何满足不同应用程序的各种服务质量 QoS 需求。

（4）IO^3：普适计算中基于区间的乱序事件处理。在普适计算环境中，复杂事件处理在现代应用中变得越来越重要。复杂事件处理的一个关键方面是从事件流中提取模式，以便实时作出明智的决策。然而，网络延迟和机器故障可能会导致事件乱序到达。此外，现有文献假设事件没有持续时间，但许多实际应用程序中的事件都有持续时间，并且这些事件之间的关系往往很复杂。Zhou 等（2010）不仅分析了时间语义学的基础知识，并提出了一个时间语义学模型，还介绍了一种包含时间间隔的混合解决方案，用于解决乱序事件。该解决方案可以根据实时性从一个输出正确性级别切换到另一个输出正确性级别。实验研究证明了该方法的有效性。

2.2.4　在线—离线复杂事件处理

（1）实时和归档事件流上的声明性模式匹配。DejaVu 是一个事件处理系统，它在一个新的系统架构之上集成了对实时和归档事件流的声明性模式匹配。Dindar 等（2009）建议使用两种不同的应用场景来演示 DejaVu 查询语言和体系结构的关键方面，即智能 RFID 库系统和金融市场数据分析应用程序。该演示表明了 DejaVu 如何使用高度交互的可视化监控工具（包括基于 Second Life 虚拟世界的工具）统一处理实时和归档流存储上的一次性、连续和混合模式匹配查询。

（2）RFID 供应链系统中的在线复杂事件检测方法。在实际的供应链系统中，物品通常会被包装起来流通，检测最低包装层级物品的标签代价高昂。现有的在线和离线的 RFID 复杂事件检测方法中都假定可以检测到每一个最低包装层级的标签，不支持含有多种包装层级数据的 RFID 数据流上的复杂事件检测。根据部署有 RFID 的供应链系统产生的 RFID 数据流的特点，刘海龙等（2010）提出了一种新的复杂事件检测方法。该方法采用区间编码离线保存物品的包装关系，通过在线数据和离线数据结合来完成复杂事件检测，对不同类型的复杂事件采用不同的检测策略以提高复杂事件检测效率。实验证明该方法能够有效地支持供应链系统中的复杂事件检测，并具有较好的性能。

（3）在线—离线数据流上复杂事件检测。随着数据采集和处理技术的发展，在物联网对象跟踪、网络监控、金融预测、电信消费模式等领域中进行事件检测显得越发重要。事件检测在一次扫描数据流的假设下完成，而数据流在被处理完后丢弃。事实上，很多应用场景中，历史数据流因含有丰富的信息而不能简单丢弃，且一些事件检测查询需要同时在实时和历史数据流上进行。鉴于已有复杂事件检测很少考虑同时在实时和历史数据流上进行模式匹配，彭商濂等（2012a）研究了在线—离线数据流上复杂事件检测的关键问题。主要工作如下：①针对滑动窗口内产生的大量模式匹配中间结果，提出利用时态关系和时空关系管理中间结果的方法 TPM 和 STPM。STPM 以中间结果的时态和状态信息为权值对中间结果进行管理，将最近的、最有可能更新状态的中间结果置于内存，极大地减少了中间结果的读取操作代价；②给出了基于选择度的在线—离线复杂事件检测优化算法；③给出了算法的复杂性分析和代价模型；④在基于时空关系的中间结果管理模型下，在一个在线—离线复杂事件检测原型系统中进行实验，对多个参数（子窗口大小、选择度、匹配率、命中率）进行了算法对比分析。实验结果充分验证了所提出的算法的可行性和高效性。

2.2.5　多目标复杂事件处理

（1）RFID 数据流上高效的面向多对象事件检测。复杂事件处理已广泛应用于供应链管理中的 RFID 跟踪、股票交易中的波动检测、网络监控中的实时入侵检测等领域。现有的研究工作大多集中在面向单个对象复杂事件处理的规范化、形式化和评估，而 Peng 等（2010）研究了多个相关 RFID 对象上的复杂事件处理问题。同时，他们研究了多个相关的 RFID 事件检测问题，并提出了两种评估算法：序列连接算法（SEJA）和流连接算法（SJA）。实验研究表明，所提出的算法是有效的和可扩展的。

（2）边缘事件。基于接收器的大规模系统的出现使应用程序能够对监控物理世界生成的数据执行复杂的业务逻辑。这些应用程序需要的一个重要功能是检测和响应复杂事件（通常是实时的）。减小低水平受体技术与应用的高水平需求之间的差距仍然是一个重大挑战。Rizvi 等（2005）在 HiFi 环境中演示其对该问题的解决方案，其构建的 HiFi 系统用以解决大规模基于接收器的系统的数据管理问题。具体来说，Rizvi 等展示了 HiFi 如何利用其边缘的受体数据生成简单事件，并提供了高功能的复杂事件处理机制，用于使用真实世界的库场景进行复杂事件检测。

（3）RFID 数据流上多目标复杂事件检测。现有的 RFID 复杂事件处理技术主要关注于单个 RFID 对象的复杂事件检测和优化技术。实际上，很多 RFID 应用中往往需要同时检测多个同类型关联目标的复杂事件序列。彭商濂等（2012b）研究了多个关联的 RFID 对象的复杂事件处理问题。①通过扩展的事件语言和算子的语义以支持同类型多个 RFID 目标复杂事件查询的定义。②通过模式的变换规则，将 RFID 应用中存在的各种非线性多目标复杂事件模式转换成线性模式，以便各种多目标模式在一个统一的框架下检测。彭商濂等还提出了基于自动机 NFA[b2] 的多目标复杂事件检测模型和多目标复杂事件检测算法。通过在多目标检测算法中使用关键节点下压和同位置约束置后优化策略，大大减少了单个类型上无用实例的数目和不同类型间模式匹配的搜索空间，与 SASE 算法的实验比较表明该算法的正确性和高效性。

（4）在线 RFID 多复杂事件查询处理技术。在线 RFID 数据流上的复杂事件处理技术是一个新的课题。现有研究工作仅是针对单一的复杂事件查询，没有考虑多复杂事件同时查询的处理策略。朱乾坤等（2011）在复杂事件语言 SASE（Stream-based and Shared Event Processing）的基础上设计了专门针对多查询的自动机及相关的优化技术，解决了 RFID 数据流上多复杂事件查询的问题。实验结果表明，该技术在查询数量较大时，时间与空间上较传统算法有更好的表现。

2.2.6 复杂事件处理语言

（1）Cayuga：一种通用事件监控系统。Demers 等（2007）描述了用于可扩展事件处理的康奈尔 Cayuga 系统的设计和实现。他们不仅提出了一种基于 Cayuga 代数的查询语言，用于自然地表达复杂的事件模式，还描述了几个新的系统设计和实现问题，其中重点介绍了 Cayuga 的查询处理器、其索引方法、Cayuga 如何处理并发事件以及其专用的垃圾收集器。

（2）流上的高性能复杂事件处理。Wu 等（2006）介绍了一个系统的设计、实现和评估，该系统在编码为事件的实时 RFID 读数流上执行复杂的事件查询。这些复杂事件查询过滤和关联事件以匹配特定模式，并将相关事件转换为新的复合事件，以供外部监控应用程序使用。基于流执行这些查询可以在供应链管理、监控、设施管理、医疗保健等方面应用。首先，Wu 等提出了一种复杂的事件语言，其显著扩展了现有的事件语言以满足一系列支持 RFID 的监控应用程序的需要。然后，他们描述了一种基于查询计划的方法来有效地实现这种语言。该方法使用本机操作符来有效地处理查询定义的序列（这是复杂事件处理的关键组件），并将这些序列输送到利用关系技术构建的后续操作符。同时，他们还开发了一大套优化技术，以解决诸如大滑动窗口和中等结果大小等挑战。通过对原型实现的详细性能分析以及与现有的流处理器的比较，证明了该方法的有效性。

2.2.7　不确定性事件处理

识别具有不精确时间戳的流中的模式。大规模事件系统在各个领域中越来越流行，而事件模式评估在监控这些领域中的应用程序方面起着关键作用。其中，关于模式评估的现有工作假设每个事件的发生时间是精确的，并且来自不同来源的事件可以以全部或部分顺序合并到单个流中。研究者观察到，在实际应用中，事件发生时间通常是未知的或不精确的。因此，Zhang 等（2010，2013）提出了一个时间模型，为每个事件分配一个时间间隔，以表示其所有可能的发生时间，并在此模型下重新访问模式评估。特别地，提出了这种模式评估的形式语义、两个评估框架以及这些框架中的算法和优化。Zhang 等使用真实跟踪和合成系统的评估结果表明，基于事件的框架始终优于基于点的框架，经过优化，它在测试的各种工作负载中都能实现高效率。

2.2.8　基于语义的复杂事件处理

（1）从 RFID 数据中提取概率事件。Khoussainova（2008a，2008b）介绍了 PEEX，一个使应用程序能够从 RFID 数据中定义和提取有意义的概率高层事件的系统。PEEX 能够有效地处理数据中的错误和事件提取的固有模糊性。

（2）桥接物理世界和虚拟世界：RFID 数据流的复杂事件处理。传感器和 RFID 技术的进步为人类感知、理解和管理世界提供了重要的新力量。RFID 提供了快速的数据采集，能够准确识别具有唯一 ID 的物体，而无需直线接触，因此可以用于识别、定位、跟踪、监控物理物体。尽管有这些好处，RFID 对数据处理和管理依然提出了许多挑战：①RFID 观测包含重复数据，必须对其进行过滤；②RFID 观测具有隐含意义，必须将其转换并聚合为数据模型中表示的语义数据；③RFID 数据是暂时的、流式的、大容量的，必须在运行中进行处理。因此，需要一个通用的 RFID 数据处理框架来自动将物理 RFID 观测转换为与业务应用程序链接的虚拟世界中的虚拟副本。Wang F 等（2006，2009）采用面向事件的方法处理 RFID 数据，将 RFID 应用程序逻辑设计为复杂事件。然后，将 RFID 事件和规则的规范和语义形式化。他们证明了传统的 ECA 事件引擎不能用于支持高度时间约束的 RFID 事件，并开发了一个能够有效处理复杂 RFID 事件的检测引擎。基于声明事件的方法极大地简化了 RFID 数据处理的工作，并显著降低了 RFID 数据集成的成本。

（3）一种基于 Petri 网的 RFID 事件检测的形式化方法。RFID 采用唯一的电子标签识别物理对象，可高速收集大量目标数据。为向各类应用提供语义信息，RFID 系统需从收集的数据中检测用户自定义的复合事件。孙基男等（2012）提出一种基于 Petri 网的 RFID 事件检测方法，引入形式化的 ED-net 模型描述复合事件语义，并以此为基础实现一种事件检测方法。ED-net 模型是对传统 Petri 网的一种扩展，提供了描述用户自定义类型、函数及表达式的能力，可精确描述 RFID 复合事件的属性及时域、非时域、参数化等约束条件。通过对 RFID 事件形式化描述，各种 RFID 事件可以统一在 ED-net 模型，并可自动化进行检测处理，避免了不同复合事件间公共子事件重复检测的问题。最后，经过实验测试和分析，验证了该形式化方法的有效性及其优势。

（4）事件处理中的"下一步"是什么？事件处理系统有着广泛的应用，从管理 RFID 读写器的事件到监控 RSS 提要。这些系统的主要用途是在线识别事件流中相关事件序列的模式。查询语义和实现效率本质上取决于底层的时间模型：事件如何排序（"下一个"事件是什么），以及事件的时间戳如何表示。许多相互竞争的事件系统时间模型已经被提出，但对于哪种方法是最好的还没有达成共识。White 等（2007）对这个问题采取了一种基本的方法。他们创建了一个正式的框架，并将事件系统设计选择作为公理呈现。这些公理分为标准公理和理想公理。标准公理在所有事件系统的设计中都是通用的；理想公理并不总是得到满足，但对于实现高性能是有用的。根据这些公理，证明了几个重要的结果：①证明了同构有一个唯一的模型，它满足标准公理并支持关联性，因此所提出的公理是事件系统中关联时间戳的一个完善的公理化（此模型需要具有无限表示的时间戳）。同时，White 等还提出了一个稍微削弱的结合性版本，它允许使用有界表示的时间模型。②证明了添加有界条件也会产生一个唯一的模型，因此所提出的公理化是可靠和完整的。White 等认为该模型非常适合作为复杂事件处理的标准时态模型。

（5）复杂事件模式检测与 CEP 测试数据生成算法研究。随着信息技术的快速发展和广泛应用，大数据正以不可阻挡的气势向人们走来。大数据源于信息技术，同时又向信息技术提出挑战。如何征服大数据给信息技术处理能力上带来的挑战是一个广泛关注的课题。由于采用面向流式数据的处理策略，复杂事件处理（Complex Event Processing，CEP）技术被认为是一种有希望征服大数据挑战的技术之一。然而，当事件流成为大数据时，目前的 CEP 模型、事件模式检测和 CEP 系统测试数据生成的方法和技术都存在很多不足。赵会群等（2017）针对这一问题讨论了复杂事件建模、模式检测与测试数据的生成方法。他们提出了一种 CEP 代数模型，用多种事件算子来表达事件之间的关系和事件流模型。在这里，一个创新的思想是把 CEP 代数模型表达式解释成算术文法产生式，从而可以用词法分析技术解决复杂事件模式检测问题。为了有效地测试复杂事件模式检测的算法，基于 CEP 代数模型，赵会群等还提出了一个用于支持上述 CEP 模式检测的大数据事件集的生成算法。并由此生成了不同量级的测试数据，测试了一个 RFID 物联网中 CEP 模式检测引擎。实验结果表明了该事件模式检测算法和 CEP 系统测试大数据事件集生成算法的有效性。

表 2-2 展示的是各学者提出的 RFID 复杂事件处理方法的对比。

表 2-2　RFID 复杂事件处理方法对比

文献	复杂事件类型				场景	描述
	乱序	检测	匹配	其他		
Akdere M 等（2008）		√			火灾检测、风暴检测、跟踪可疑行为	跨分布式源的基于计划的复杂事件检测
Chandramouli B 等（2010）	√		√	高性能	流数据连续查询	乱序数据流上的高性能动态模式匹配
Chen Q 等（2008）				高性能		一种复杂事件处理优化技术
Demers A 等（2007）				并发		可扩展事件处理
Dindar N 等（2009）			√		智能 RFID 库系统、金融市场数据分析	实时和归档事件流上的声明性模式匹配

文献	复杂事件类型				场景	描述
	乱序	检测	匹配	其他		
Gu Y 等（2012）		√		QoS 需求	传感网络	分布式监控流上的期限感知复杂事件处理模型
Ji Y 等（2015）	√			高准确度、低延迟	连续查询	乱序数据流上质量驱动的连续查询执行
Ji Y 等（2016）	√			服务质量	实时系统，数据流连接	质量驱动的 m 路滑动窗口流连接乱序处理
Li J 等（2008）	√				网络监控	为流系统引入了一种新的体系结构，即乱序处理（OOP），它避免了排序约束
Khoussainova N 等（2008a，2008b）				定义、提取	楼道中的人与物品监控	能够从 RFID 数据中定义和提取有意义的概率高层事件的系统（PEEX）
Li M 等（2007）	√			高性能	供应链管理实时入侵检测	解决了在可能包含乱序数据的事件流上指定的事件模式查询的问题
Liu M 等（2009）	√			查询	供应链管理实时入侵检测	分别采用激进策略和保守策略来处理乱序事件流上的序列模式查询
Mutschler C 等（2013）	√	√			实时定位系统	提出一种基于 K-slack 的低延迟方法，在无先验知识的情况下实现高数据率传感器和事件流的有序事件处理
Peng S 等（2010）		√		连接	事件检测与监控	研究多个相关的 RFID 事件检测问题
Ré C 等（2008）		√		查询、查全率和查准率	走廊	相关概率流上的事件查询

续表

文献	复杂事件类型				场景	描述
	乱序	检测	匹配	其他		
Rizvi S 等（2005）		√			图书馆	提供了高功能的复杂事件处理机制，用于真实世界中的复杂事件检测
Wang F 等（2006，2009）		√			供应链	开发了一个能够有效处理复杂 RFID 事件的 RFID 事件检测引擎
Wei M 等（2009）	√				病人监控、书库	提出两种乱序处理技术，即保守策略和进取策略
White W 等（2007）				查询效率	书店	提出一种用于复杂事件处理的事件模型
Wu E 等（2006）				查询高性能	零售、医疗	使用基于查询计划的方法来实现一种复杂的事件语言
Zhou C 等（2010）	√				普适计算	普适计算中基于区间的乱序事件处理
Zhang H 等（2010，2013）		√	√		供应链、事件监控	不确定事件流中的模式匹配
刘海龙等（2010）		√			供应链	区间编码离线保存物品的包装关系，在线数据和离线数据结合共同完成复杂事件检测
彭商濂等（2012a）		√			供应链	在线—离线数据流上复杂事件检测
彭商濂等（2012b）		√			物资跟踪、任务监控、汽车装配线监控	RFID 数据流上多目标复杂事件检测
孙基男等（2012）		√				一种基于 Petri 网的 RFID 事件检测的形式化方法
赵会群等（2017）		√		人工生成	物联网	复杂事件模式检测与 CEP 测试数据生成算法研究
朱乾坤等（2011）				查询	超市	在线 RFID 多复杂事件查询处理技术

2.3 RFID 数据查询

本节主要介绍连续查询、跟踪监控查询、聚集查询、查询语言、马尔可夫流查询、相似性查询。

2.3.1 连续查询

（1）利用 k 约束减少数据流上连续查询的内存开销。连续查询通常需要在任意数据流上具有重要的运行时状态。然而，流可能表现出某些数据或到达模式或约束，这些数据或到达模式或约束可以被检测和利用，从而在不影响正确性的情况下大大降低了状态。Babu 等（2004）引入了 k 约束，其中 k 是一个附着参数，指定流与约束的附着程度，而不是要求精确满足约束（这在数据流环境中是不现实的）。同时，较小的 k 更接近于严格遵守，并提供更好的内存缩减。Babu 等提出了一种称为 $k\text{-Mon}$ 的查询处理体系结构，该体系结构可以自动检测有用的 k 约束，并利用这些约束来减少各种连续查询的运行时状态。实验结果表明，状态显著降低，而 Babu 等所提出的约束监视和查询执行算法只产生了少量的计算开销。

（2）数据流系统中的灵活时间管理。数据流管理系统（DSMS）中的连续查询依赖于多个数据流上的时间窗口、多个流上更新关系的一致性语义。集中式 DSMS 中的系统时钟提供了方便且性能良好的时间概念，但 DSMS 应用程序通常更适合定义自己的时间概念，即自己的时钟、序列号或其他形式的排序和时间戳。灵活的应用程序定义时间对 DSMS 提出了挑战，因为流可能乱序且彼此不协调，它们可能导致到达 DSMS 的延迟，并且可能暂停或停止。Srivastava 和 Widom（2004）将这些挑战形式化，并指定如何生成心跳，以便在应用程序定义的时域中正确、连续地评估查询。他们提出的心跳生成算法基于捕获流之间的倾斜、流内乱序以及到达 DSMS 的流中的延迟的参数，且描述了如何在运行时估计这些参数，并讨论了如何使用心跳来处理连续查询。

（3）探索连续数据流中的标点符号语义。大多数当前的查询处理架构已经是流水线的，因此将它们应用于数据流似乎是合乎逻辑的。然而，两类查询运算符对于处理长数据流或无限数据流是不切实际的：无界有状态运算符维护的状态没有大小上限，因此会耗尽内存；阻塞运算符在发出单个输出之前读取整个输入，因此可能永远不会产生结果。相信数据流的先验知识可以允许在某些情况下使用这两类运算符。Tucker 等（2003）讨论了一种称为标点流的流语义。流中的标点符号表示子流的结束，允许将无限流视为有限流的混合。他们引入三种不变量来指定在标点符号存在的情况下运算符的正确行为。①传递不变量，定义何时可以传递结果；②保持不变量，定义必须保持在本地状态才能继续成功操作的内容；③传播不变量，定义何时可以传递标点符号。Tucker 等给出了初始实现，并展示了一种证明这些不变量的实现忠实于它们的关系对应项的策略。

（4）Estream：事件和流处理的集成。事件和流数据处理模型已经得到了广泛的独立研究，并应用于不同的应用领域。而高级应用程序需要事件和流处理，但目前这在同一系统中不受支持。Garg（2005）提出了 EStream，一个集成的事件和流处理系统，用于监控流计算的变化、表达和处理连续查询（CQ）上的复杂事件。他引入了基于属性的约束来减少从 CQs 生成的无趣事件，不仅讨论了 CQs、复杂事件和规则的通用规范，还讨论了流修饰符，即一类特殊的流操作符，用于计算流数据的变化。

2.3.2　跟踪监控查询

（1）AURA：在 RFID 丰富的环境中启用基于属性的空间搜索。Bapat 等（2009）介绍了 AURA，即一种新的框架，用于丰富物理环境中有关对象和活动的信息，以支持物理世界中的搜索。其目标是使个人能够将其所处的环境作为其活动和在此环境中与其互动的对象的活（短期）记忆。为了充当记忆，物理环境必须透明地嵌入相关信息，并通过现场搜索机制进行访问。创新算法实现了这种嵌入，该算法利用分布在环境中的寄生 RFID 标签集合作为分布式存储云，有关用户活动的信息以及与之交互的对象以分散的方式编码并存储在这些 RFID 标签上，以支持基于属性的搜索。Bapat 等的研究实现了两种算法，其中 auraProp 算法的作用是在环境中传播信息，而互补的 auraSearch 算法实现对环境中物理对象的空间搜索。寄生 RFID 标签不是自供电的，因此不能相互通信。AURA 利用人类在环境中的移动来传播信息：当用户在环境中移动时，他们不仅会留下自己活动的痕迹（或光环），还会帮助在同一空间中进一步传播先前活动的光环。AURA 依靠一种新颖的基于签名的信息传播机制和一种随机信息擦除方案来确保 RFID 标签上可用的极其有限的存储空间得到有效利用。此外，擦除方案也有助于在物理环境中创建信息梯度，auraSearch 算法使用该梯度引导用户指向感兴趣的对象。

（2）使用位图数据类型在 Oracle DBMS 中支持基于 RFID 的项目跟踪应用程序。基于 RFID 的物品级跟踪有望彻底改变供应链、零售店和资产管理应用。然而，项目级跟踪生成的大量数据给应用程序以及后端数据库带来了挑战。Hu 等（2005）讨论了在基于 RFID 的项目跟踪应用程序和数据库中有效地建模标识符集合的问题。具体来说：①引入位图数据类型以紧凑地表示标识符的集合；②提供一组位图访问和操作例程。建议的位图数据类型可以模拟通用标识符的集合，包括 64 位、96 位和 256 位电子产品代码，它可以用来表示瞬时标识符集合和持久标识符集合。其中，持久标识符集合可以作为位图数据类型的列存储在表中。Hu 等还提出了一种基于主 B+树的高效存储方案。位图数据类型可以通过利用 DBMS 位图索引轻松实现，该实现通常管理表行标识符的位图。总体而言，Hu 等介绍了位图数据类型及其相关功能，说明了它在支持基于 RFID 的项目跟踪应用程序中的使用，描述了它在 Oracle DBMS 中的原型实现，并给出了一个性能研究，描述了位图数据类型的优点。

（3）RFID 在室内符号空间中跟踪运动物体的推理。近年来，室内空间数据管理开始逐渐受到关注，部分原因是在室内和室外空间越来越多地使用接收器设备（如 RFID 读写器和无线传感器网络），因此，我们非常需要一个模型来捕捉这些空间及其受体，并在上面提供强大的推理技术。Hussein 等（2013）回顾并扩展了最新的室外和室内空间统一模型以及这些空间中的接收器部署。扩展模型使建模人员能够从物理世界捕获各种信息片段。在扩展模型的基础上，他们提出并形式化了路径可观测性的概念，并论证了其在改善阅读环境中的作用。扩展模型还允许通过概率轨迹将受体数据合并到路由转换器。该转换器首先有助于跟踪移动对象，从而优化对它们的搜索，其次支持关于潜在流量（过载）点的高级推理，即所谓的瓶颈点。功能分析说明了路由可观测性功能的行为。实验评估表明推理的准确性，以及推理的质量。实验是在合成数据和从 RFID 标签的飞行行李中获得的未经验证的真实数据上进行的。

（4）基于 RFID 的供应链管理高效存储方案与查询处理。随着 RFID 标签的尺寸越来越小，价格越来越低，RFID 技术已被广泛应用于各个领域。近年来，RFID 技术在供应链管理等商业领域得到了广泛的应用。由于公司可以使用 RFID 技术轻松获取产品的移动信息，有望彻底改变供应链管理。然而，供应链管理中的 RFID 数据量是巨大的，这导致从 RFID 数据中提取有价值的信息进行供应链管理需要花费大量的时间。首先，Lee 和 Chung（2008）定义了用于跟踪查询的查询模板和用于分析供应链的面向路径查询。其次，他们提出了一种有效的路径编码方案来对产品的流信息进行编码；为了高效地检索产品的时间信息，使用了 XML 区域中使用的编号方案。基于路径编码方案和编号方案，设计了一种存储方案来高效地处理跟踪查询和面向路径的查询。最后，他们提出了一种将查询转换为 SQL 查询的方法。实验结果表明，该方法能够有效地处理查询。平均而言，在查询性能方面，Lee 和 Chung 所提出方法比最新的技术好 680 倍左右。

（5）基于路径编码方案的供应链管理中 RFID 数据处理。RFID 技术可以应用于广泛的领域，特别是在商业领域非常有用，例如供应链管理。然而，在这样的环境中，RFID 数据量是巨大的。因此，从 RFID 数据中提取有价值的信息以进行供应链管理需要花费大量的时间。Lee 和 Chung（2011b）提出了一种有效的方法来处理大量的 RFID 数据的供应链管理。首先，他们通过定义查询模板来分析供应链。其次，他们提出了一种有效的路径编码方案，对产品流进行编码。然而，如果数据流很长，那么路径编码方案中对应于流的数字将非常大。Lee 和 Chung 通过提供一种划分流的方法来解决这个问题。为了有效地检索产品的时间信息，他们使用 XML 区域的编号方案。基于路径编码方案和编号方案，设计了一种存储方案，能够在关系数据库管理系统上高效地处理跟踪查询和面向路径的查询。最后，他们提出了一种将查询转换为 SQL 查询的方法。实验结果表明，该方法能够有效地处理查询。

（6）RFID 数据的时态管理。RFID 技术可以通过提供自动识别和数据捕获功能，显著提高业务流程的效率。这项技术对当前的数据管理系统提出了许多新的挑战。RFID 数据具有时间依赖性、动态变化性、大容量、隐含语义。RFID 数据管理系统需要有效地支持 RFID 应用程序创建的大规模时态数据。这些系统需要为 RFID 数据建立一个明确的时间数据模型，以支持跟踪和监控查询。此外，还需要一种自动方法，将 RFID 读写器的原始观测值转换为 RFID 应用程序中使用的衍生数据。Wang 和 Liu 等（2005）提出了一个集成的 RFID 数据管理系统—西门子 RFID 中间件—基于 RFID 数据的表达性时态数据模型。该系统支持语义 RFID 数据过滤和基于声明性规则的自动数据转换，为 RFID 对象跟踪和监控提供强大的查询支持，并可适应不同的 RFID 应用。

（7）一种用于查询物理对象的时态 RFID 数据模型。RFID 技术可以在没有直线接触的情况下实时识别、定位、跟踪和监控物理对象，可用于广泛的普适计算应用。为了实现这些目标，必须收集、转换 RFID 数据，并将其表达为虚拟世界中的虚拟副本。然而，RFID 数据有其独有的特征，包括聚合、位置、时间和历史导向，这些特征必须充分考虑并集成到数据模型中。RFID 应用的多样性对 RFID 数据建模的通用框架提出了进一步的挑战。对此，Wang F 等（2010）探讨了 RFID 应用程序的基本特征，并根据这些特征将应用程序划分为一组基本场景。然后，他们开发用于建模每个场景的结构，并将这些结构集成到现实世界中最复杂的 RFID 应用程序的建模中。实验证明，Wang F 等所提出的模型为基于 RFID 的应用程序中查询物理对象提供了强大的支持。

（8）RFID 跟踪与监控的分布式推理与查询处理。Cao 等（2011）提出了一个可扩展的、分布式流处理系统的 RFID 跟踪和监测的设计。由于 RFID 数据缺少对查询处理至关重要的包含和位置信息，建议在单个体系结构中将位置和包含推理与流查询处理结合起来，并将推理作为高级查询处理的启用机制。Cao 等进一步考虑在大型分布式设置和设计技术的分布式推理与查询处理中实例化这样一个系统的挑战。实验结果，他们使用了真实世界的数据和大规模合成数据，证明了所提出技术的准确性、效率和可扩展性。

（9）基于移动读写器的 RFID 概率空间范围查询技术的研究。在智能交通运输系统和人员、物品跟踪等基于位置服务的领域中，对于移动对象位置上的索引建立和查询处理已经成为比较热门的研究内容。谷峪等（2009）主要研究利用一种新颖的 RFID 系统的框架结构，依靠位置相对固定的标签来定位携带移动式的读写器监控对象，从而支持高效的移动范围查询。该结构能够缩小监控对象可能的位置区域，但还是存在位置的不确定性，所以谷峪等提出了此场景下的移动对象位置查询的一种概率模型，给出了有效的定位方法，并在此基础之上讨论了基于虚拟网格划分的 $m^2ROvgP\text{-}MRQ$ 优化算法和 CU-grid 索引结构。实验结果验证了此模型和方法的性能及有效性。

（10）半限制空间内的 RFID 可能性 k-近邻查询技术。作为一种监控与跟踪车流和人类活动等的潜在技术，RFID 技术已经在数据库领域得到了很大关注。RFID 监控对象上的 k-近邻查询是一种最重要的时空查询，能够用来支持有价值的高层信息分析。然而，不同于没有限制的空间和基于限制的空间，RFID 监控场景通常被设置在一种半限制的空间内，需要新的存储和距离计算策略。此外，监控对象位置的不确定性对查询语义和处理方法也提出了挑战。对此，谷峪等（2012）提出了半限制空间的概念，并且分析了基于 RFID 的半限制空间的模型。基于半限制空间，在给定一个动态查询点的基础上，提出了 3 种模型和算法以有效地估计可能性 k-近邻的查询结果，并采用一些特殊的索引技术加快查询的速度。实验对提出算法的效率和准确性进行了评估，证明了相关方法的有效性。

（11）使用移动 RFID 读写器高效捕获环境数据。Weinschrott 等（2009）介绍了一种基于简单廉价的 RFID 传感器和移动设备（如带有集成 RFID 读写器的手机）相结合的环境传感新方案。他们设想一个系统，利用这些设备的可用性，协同读取安装在环境中的传感器，并将数据传输到服务器基础设施。为了在通信成本和能耗方面达到质量要求和效率，Weinschrott 等提出了几种协调更新操作的算法。其中，分散协调算法是移动节点形成一个 adhoc 网络，用于协作管理请求的更新时间，以满足所需的更新间隔，并避免在读取操作期间冗余的传感器读取和冲突。除了这种分散协调算法外，他们还展示了一种利用基于基础设施的协调的互补算法。通过大量的仿真，他们证明了所提出的算法允许自主操作，并实现了高质量的传感器更新，其中执行了近 100% 的可能更新。

（12）解读同步移动物体的 RFID 跟踪数据：一种基于离线采样的方法。考虑多个 RFID 标签对象的场景，同时在几个 RFID 天线放置的室内空间中移动。假设室内空间的逻辑分区为一组位置，以及一组描述对象有效运动和位置容量的硬完整性约束和弱完整性约束。在此设置中，Fazzinga 等（2020）解决了将收集的读数与目标对象跟随的轨迹（即位置序列）相匹配的问题。他们将此问题建模为在读数与位置的可能匹配上估计概率分布函数。其所提出方法的核心是一个新颖的 Metropolis Hastings 采样器，该采样器受完整性约束的指导，以区分可能的和不可能的解释读数的方式。Fazzinga 等讨论了将约束集成到采样器中所面临的挑战，并进行了彻底的实验分析，将所提出的方法与现有技术进行了比较。

（13）RFID 系统中的高效连续扫描。RFID 是一种新兴技术，在供应链库存管理等领域有着广泛的应用前景。实际上，这些应用程序通常需要一系列连续的扫描操作来完成一项任务。例如，如果要扫描大型仓库中所有带有 RFID 标签的产品，鉴于 RFID 读写器的读取范围有限，必须在不同位置启动多个扫描操作，以覆盖整个仓库。通常，这一系列扫描操作不是完全独立的，因为一些 RFID 标签可以由多个进程读取。在每个过程中简单地扫描读取范围内的所有标签是低效的，因为读写器会收集大量冗余数据并消耗很长时间。Sheng 等（2010）开发了在空间和时间域中定义的连续扫描操作的有效方案。该方案的基本思想是充分利用之前扫描操作中收集的信息，以减少后续扫描操作的扫描时间。与其他解决方案相比，Sheng 等所提出的算法显著减少了总扫描时间。

（14）一种基于邻近度的 RFID 标记物定位方法。Song 等（2007）提出了一种方法，旨在将当前 RFID 技术的应用扩展到跟踪建筑工地上标记材料的精确位置。他们将商用 RFID 系统的性能与从分析离散框架导出的理论性能进行比较。同样通过实验，他们评估了射频功率、读取次数和标签密度等参数的影响，并对其性能权衡进行了描述，为潜在的现场部署提供了指导。

2.3.3　聚集查询

（1）支持聚集查询的 RFID 数据压缩。自从 RFID 技术被证明能有效监控物体的运动以来，基于 RFID 的物体跟踪和供应链管理系统已经出现。监控活动通常会导致大量读数，因此从收集的数据中高效检索聚集信息成为一个具有挑战性的问题。事实上，解决这个问题至关重要，因为快速回答聚集查询通常是支持决策过程的必要条件。具体地说，这种技术的目的是在不访问原始数据的情况下，构建数据的有损概要，通过该概要可以估计聚集查询。由于压缩的有损性，查询估计是近似的，并且返回的时间间隔保证包含准确的查询答案。Fazzinga 等（2013）实验验证了该方法的有效性，显示了查询效率和准确性之间的显著权衡。

（2）基于 RFID 时空数据流的概率移动范围查询。RFID 数据流上的移动范围查询是支持有价值信息分析的最重要的时空查询之一。然而，位置的不确定性对查询策略提出了挑战。Gu 等（2009b）提出了一种基于 RFID 的监控环境下的概率评估模型，并讨论了连续移动范围查询场景下的查询优化技术，该技术也可以应用于更多的情场景。广泛的实验评估验证了 Gu 等所提出的模型和方法的效率和有效性。

（3）基于 RFID 数据流的在线模式聚合。复杂事件在射频识别（RFID）应用中非常有用，尽管有学者已经提出了许多技术来在线检测 RFID 复杂事件实例，但是这些技术不支持在线模式聚合操作。对此，Liu 等（2010）提出了一种在线模式聚合算法，称为 RFID_PAQ。RFID_PAQ 将滑动窗口划分为几个子窗口，并根据其子窗口的聚合值计算其聚合值。他们还根据 RFID 数据流的分布特点，设计了不同的映射函数，将事件分发到相关子窗口，并通过大量实验证明了 RFID_PAQ 是有效的。

（4）大规模动态 RFID 系统中针对热门标签类别的 Top-k 查询协议。在动态多类别 RFID 系统中，某类标签的缺失数量能够反映该类别的“热门”程度。因此，如何快速准确地找出缺失数量最多的 k 类标签对制定合理的营销策略具有重要意义。为此，牛炳鑫等（2019）首次定义了动态多类别 RFID 系统中针对热门标签类别 Top-k 查询问题，并提出了符合 EPC C1G2 标准的快速查询协议 Hot Top-k Query（HTKQ）。其核心思想是：先用读写器监听当前系统中所有标签参与帧时隙阿罗哈（Aloha）协议的过程，并记录每个时隙的状态，从而获得真实时隙帧向量；然后在服务器端保存的每类标签 ID 集合上分别虚拟执行阿罗哈协议，为每个标签类别分别得到虚拟时隙帧向量。该研究利用概率统计的方法，通过对比两类时隙帧的差异，分别估计每类标签的缺失数量。牛炳鑫等提出了大量理论分析，在保证查询结果准确性的同时优化参数使算法时间代价最小。大量的仿真实验结果表明，他们所提出的 HTKQ 协议能够在不同实验条件下满足预定的查询精度，并且当 RFID 系统中标签类别较多时，HTKQ 协议的时间效率比现有协议可以提升 80%。

2.3.4　查询语言

基于数据流查询语言的 RFID 数据处理。RFID 技术与传统的目标跟踪技术相比具有显著的优势，并且在实际应用中得到越来越多的采用和部署。RFID 应用程序生成大量流式数据，这些数据必须自动过滤、处理并转换为语义数据，并集成到业务应用程序中。事实上，RFID 数据是高度时态的，RFID 观测形成了复杂的时态事件模式，对于各种 RFID 应用来说，这些模式可能非常不同。因此，人们期望具有强大语言的通用 RFID 数据处理框架，以便最终用户表达对 RFID 数据流的各种查询，以及检测复杂事件模式。虽然数据流管理系统（DSMS）是为优化流数据处理而出现的，但是它们通常缺乏对时态事件检测的语言构造支持。为此，Bai 等（2007）讨论了一种流查询语言，通过时态操作符和滑动窗口结构的扩展来提供全面的时态事件检测。随着时间事件检测的集成，DSMS 能够作为 RFID 数据处理的强大系统。

2.3.5　马尔可夫流查询

（1）马尔可夫流的访问方法。基于模型的视图是现有的一种有效的传感器数据查询方法。而人工智能的相关文献中的常用模型（如隐马尔可夫模型）向应用程序公开了从传感器数据计算的概率和相关状态估计流。许多应用程序希望从这些马尔可夫流中检测复杂的状态模式，这种查询被称为事件查询。Letchner 等（2009）提出了一种新的马尔可夫流存储管理器 Caldera，它是 Lahar 系统的一个组件，而 Lahar 是在以前的工作中开发的马尔可夫流事件查询处理系统。Caldera 的核心是一组用于马尔可夫流的访问方法，与必须扫描整个流的现有技术相比，这些方法可以将事件查询性能提高几个数量级。该访问方法使用了传统 B+树索引的新修改，以及一个称为马尔可夫链索引的新索引。它们只从流中有效地提取相关的时间步长，同时保留流的马尔可夫属性。Letchner 等已经在 BDB 上实现了该原型系统，并在室内空间内部署的 RFID 系统中产生的合成数据和真实数据上证明了它的有效性。

（2）马尔可夫流处理中的近似权衡：一项实证研究。世界上有大量的数据是连续和不精确的。这些数据通常被建模为马尔可夫流，示例包括从原始音频信号推断出的单词/句子，或从 RFID 或 GPS 数据推断出的离散位置序列。这些流的丰富语义和大量数据使它们很难被高效查询。Letchner 等（2010）研究了两种常见的流近似对效率和精度的影响。通过在现实世界的 RFID 数据集上的实验，他们确定了这些近似可以将性能提高几个数量级的条件，而对查询结果的影响最小。另外，他们还确定了需要完整丰富语义的情况。

2.3.6　相似性查询

（1）RFID 轨迹数据库中的高效相似性查询。相似性查询是轨迹数据库中最重要的操作之一，而由于特殊的传感方式，RFID 轨迹模型与传统的轨迹模型不同，导致现有技术的效率低下。为此，Wang Y 等（2010）在 RFID 轨迹数据库中解决了这一问题。他们提出了一种新的距离函数 EDEU（编辑距离与欧氏距离相结合），该函数支持局部时间移位，并考虑了相邻逻辑区域之间的距离。为了提高相似性分析的效率，他们还开发了两种基于共现度和长度分散比的过滤器细化机制。此外，Wang Y 等扩展了解决方案，从全局不相似轨迹对中确定局部相似性。大量的实验验证了 Wang Y 等所提出的算法的有效性。

（2）基于共享度的事件流有效相似性分析。随着事件驱动应用的发展，事件流处理在数据库界受到越来越多的关注。然而，很少有人关注事件流之间的数据挖掘和相似性分析问题。作为频繁或异常事件模式检测等数据挖掘的基础，需要首先进行高效的相似性搜索。Wang Y 等（2009）尝试在大量事件流的上下文中进行相似性搜索，并提出了一个简单而有效的模型来提高相似性搜索的效率。为了避免冗余的成对比较，他们采用共享范围的定义来显著过滤不同的事件流，并加快相似度的计算。大量的模拟实验表明，在保证预期精度的前提下，Wang Y 等所提出的模型和算法可以提高效率。

表 2-3 展示的是各学者提出的 RFID 数据查询方法的对比。

表 2-3　RFID 数据查询方法对比

文献	数据查询的研究点				场景	描述
	连续查询	查询语言	聚集查询	其他		
Babu S 等（2004）	√			内存开销		利用 k 约束减少数据流上连续查询的内存开销
Bai Y 等（2007）		√				设计一种流查询语言，通过时态操作符和滑动窗口结构的扩展来提供全面的时态事件检测
Bapat T A 等（2009）				空间搜索	RFID 丰富的环境	在 RFID 丰富的环境中启用基于属性的空间搜索
Cao Z 等（2011）				目标跟踪		RFID 跟踪与监控的分布式推理与查询处理
Fazzinga B 等（2013）			√		物体跟踪、供应链管理	在不访问原始数据的情况下，构建数据的有损概要，通过该概要可以估计聚合查询
Fazzinga B 等（2020）				位置确定	室内空间	解决了将收集的读数与目标对象跟随的轨迹（即位置序列）相匹配的问题
Garg V（2005）	√					提出 EStream，一个集成的事件和流处理系统，用于监控流计算的变化、表达和处理连续查询上的复杂事件
Gu Y 等（2009b）				范围查询		基于 RFID 时空数据流的概率移动范围查询
Hu Y 等（2005）				目标跟踪	供应链、零售店、资产管理	使用位图数据类型在 Oracle DBMS 中支持基于 RFID 的项目跟踪应用程序
Hussein S H 等（2013）				目标跟踪	室内空间	RFID 在室内符号空间中跟踪运动物体的推理
Lee C H 等（2008）				目标跟踪	供应链管理	基于 RFID 的供应链管理高效存储方案与查询处理

续表

文献	数据查询的研究点				场景	描述
	连续查询	查询语言	聚集查询	其他		
Lee C H 等（2011b）				信息提取	供应链管理	基于路径编码方案的供应链管理中 RFID 数据处理
Letchner J 等（2009）				事件查询	马尔可夫流（连续的和不精确的数据流）	马尔可夫流的访问方法
Letchner J 等（2010）				近似查询	马尔可夫流	马尔可夫流处理中的近似权衡：一项实证研究
Liu H 等（2010）			√			基于 RFID 数据流的在线模式聚合
Sheng B 等（2010）				连续扫描		RFID 系统中的高效连续扫描
Song J 等（2007）				精确位置		一种基于邻近度的 RFID 标记物定位方法
Srivastava U 等（2004）	√					数据流系统中的灵活时间管理
Tucker P A 等（2003）	√			内存开销		探索连续数据流中的标点符号语义
Wang F 等（2005）				数据模型		RFID 数据的时态管理
Wang F 等（2010）				目标查询		一种用于查询物理对象的时态 RFID 数据模型
Wang Y 等（2010）Wang Y 等（2009）				相似查询		RFID 轨迹数据库中的高效相似性查询
Weinschrott H 等（2009）				通信、能耗、质量、效率		移动 RFID 读写器高效捕获环境数据

续表

文献	数据查询的研究点				场景	描述
	连续查询	查询语言	聚集查询	其他		
谷峪等（2009）				范围查询	智能交通运输和人员、物品跟踪	基于移动读写器的 RFID 概率空间范围查询技术
谷峪等（2012）				紧邻查询	半限制空间	半限制空间内的 RFID 可能性 $k-$近邻查询技术
牛炳鑫等（2019）			√			大规模动态 RFID 系统中针对热门标签类别的 Top-k 查询协议

2.4　RFID 数据仓库

（1）FlowCube：构建用于商品流多维分析的 RFID FlowCube。随着 RFID 技术的出现，制造商、分销商和零售商将能够跟踪整个供应链中单个对象的移动。典型的 RFID 应用程序生成的数据量将是巨大的，因为每个项目将生成其在每个时间点占用的所有单独位置的完整历史记录，这可能来自给定工厂的特定生产线，通过多个仓库，一路"走"到商店的某个收银台。这种 RFID 数据的移动轨迹形成了巨大的商品流程图，它表示每个商品所经过的路径阶段的位置和持续时间。该商品流包含关于商品运动特征、趋势、变化和异常值的丰富多维信息。Gonzalez 等（2006a）提出了一种构建商品流仓库的方法，称为 FlowCube。与标准 OLAP 一样，该模型将由长方体组成，这些长方体在给定的抽象级别聚合项流。与传统的数据立方体不同，FlowCube 解码器主要有两种方式：一是每个单元格的度量将不是一个标量聚合，而是一个商品流程图，它捕获了单元格中聚合项目的主要移动趋势和显著偏差；二是通过更改路径阶段的抽象级别，可以在多个级别上查看每个流程图。Gonzalez 等还强调了 FlowCube 模型的重要性，并提出了一种有效的计算方法：①将路径同时聚合到所有感兴趣的抽象级别；②沿着项目和路径阶段抽象格修剪低支持路径段；③通过移除很少出现的单元压缩立方体，以及可以从更高级别的单元格推断其商品流的单元格。

（2）海量 RFID 数据集的存储与分析。RFID 应用在目标跟踪和供应链管理系统中起着至关重要的作用。在不久的将来，预计从供应商到仓库、商店后台以及最终到销售点的移动每个主要零售商都将使用 RFID 系统来跟踪产品。此类系统生成的信息量可能非常巨大，因为每个单独的项目（托盘、箱子或库存量单位 SKU）在不同位置移动时都会留下数据痕迹。与传统的数据立方体不同，Gonzalez 等（2006b）提出了一种新的仓库模型，该模型保留了对象转换，同时提供了显著的压缩和路径相关聚合，这些是基于以下观察结果：①在系统的早期阶段，项目通常以大组的形式一起移动；②尽管 RFID 数据是在原始级别注册的，但数据分析通常在更高的抽象级别进行。此外，该研究还开发了数据汇总和索引技术，以及基于此框架处理各种查询的方法。实验证明了 Gonzalez 等所给出的设计、数据结构和算法的实用性和可行性。

（3）海量 RFID 数据集建模：基于网关的运动图方法。大规模的 RFID 数据集有望在供应链管理系统中变得司空见惯。对这些数据的存储和挖掘是一个基本问题，它对于库存管理、对象跟踪和产品采购流程具有巨大的潜在好处。RFID 标签可用于识别每个单独的项目，因此会产生大量的位置跟踪数据。有了这些数据，可以通过运动图对对象运动进行建模，其中节点对应位置，两边可以记录位置之间项目过渡的历史。为此，Gonzalez 等（2010）开发了一个运动图模型作为 RFID 数据集的紧凑表示。由于时空以及项目信息可以与此类模型中的对象相关联，因此运动图在本质上可能是巨大的、复杂的、多维的。研究表明，这样的图可以更好地围绕网关节点组织，网关节点充当连接运动图不同区域的桥梁。根据面向应用的拓扑结构，通过合并和折叠节点与边来构造基于图的对象运动立方体。此外，Gonzalez 等还提出了一种高效的立方体算法，在这种拓扑结构的指导下，在分区运动图上同时聚合时空维度和项目维度。

表 2-4 展示的是各学者提出的 RFID 数据仓库方法的对比。

表 2-4　RFID 数据仓库方法对比

文献	数据仓库的研究点				场景	描述
	数据模型	索引	查询	其他		
Gonzalez H 等（2006a）	√				商品流仓库	构建用于商品流多维分析的 RFID FlowCube
Gonzalez H 等（2006b）	√	√	√		目标跟踪、供应链管理	提出一种新的仓库模型，该模型保留了对象转换，同时提供了显著的压缩和路径相关聚合
Gonzalez H 等（2010）	√				库存管理、对象跟踪、产品采购	用运动图模型来表示 RFID 数据集

2.5　RFID 数据挖掘

（1）从海量 RFID 数据集中挖掘压缩商品工作流。RFID 技术正迅速成为供应链管理应用中跟踪商品的普遍工具。商品在供应链中的移动形成了一个巨大的工作流程，可以对其进行挖掘，来发现趋势、流关联和异常路径，从而使理解和优化业务流程具有价值。Gonzalez 等（2006c）提出了一种构建压缩概率工作流的方法，该方法可以捕获整个数据集的移动趋势和重大异常，但其大小远远小于完整的 RFID 工作流。压缩是基于以下观察结果实现的：①只有相对较小的少数项目偏离总体趋势；②只有真正的非冗余偏差（即与先前记录的偏差有大幅度偏离的偏差）是令人感兴趣的；③尽管 RFID 数据是在原始级别注册的，数据分析通常在更高的抽象级别上进行。Gonzalez 等推导了基于非冗余转移概率和发射概率的工作流压缩技术，并提出了一种计算近似路径概率的算法。实验证明了他们所给出的设计、数据结构和算法的实用性和可行性。

（2）海量 RFID 数据集的仓储与挖掘。RFID 应用在目标跟踪和供应链管理系统中起着至关重要的作用。预计在不远的将来，RFID 系统会得到广泛的应用，同时 RFID 标签也会粘贴于不同单位大小的产品之上，这样就会产生大量的数据。Han 等（2006）提出了两种数据模型来管理这些数据：一种是路径立方体，它保留对象转换信息，同时允许对路径相关聚合进行多维分析；另一种是工作流多维数据集，它总结了通过系统的项目流中的主要模式和重要异常。该模型设计基于以下观察结果：①在系统的早期阶段（如配送中心），物品通常以大组的形式一起移动，只有在后期阶段（如商店），物品才会以小组的形式移动；②尽管 RFID 数据是在原始级别注册的，数据分析通常在更高的抽象级别上进行；③许多项目具有相似的流程模式，只有相对较少的项目真正偏离了总体趋势；④只有与先前记录的偏差相关的非冗余流程偏差才令人感兴趣。这些观察结果有助于构建高度压缩的 RFID 数据仓库，并通过可伸缩的数据挖掘探索此类数据仓库。在这项研究中，Han 等对驱动框架设计的原则进行了概述，且相信仓储和挖掘 RFID 数据为高级数据挖掘提供了一个有趣的应用。

表 2-5 展示的是各学者提出的 RFID 数据挖掘方法的对比。

表 2-5　RFID 数据挖掘方法对比

文献	数据挖掘的研究点				场景	描述
	趋势	异常	压缩	其他		
Gonzalez H 等（2006c）	√	√	√	数据模型	供应链	提出一种构建压缩概率工作流的方法，该方法可以捕获整个数据集的移动趋势和重大异常
Han J 等（2006）	√	√	√	数据模型	供应链	提出路径立方体、工作流多维数据集两种数据模型来管理 RFID 数据

2.6　RFID 系统应用

（1）HiFi 系统。Cooper 等（2004）演示了一个 HiFi 的初始原型，该

原型使用数据流查询处理来获取、过滤和聚合来自多个设备的数据，包括传感器、RFID 读写器、作为高扇入系统组织的低功耗网关。数据采集和传感器技术的进步导致了"高扇入"体系结构的发展：广泛分布的系统，其边缘由传感器网络、RFID 读写器或探头等众多接收器组成，其内部节点是使用级联流和连续聚合原理组织的传统主机。例如，支持 RFID 的供应链管理、大规模环境监测以及各种类型的网络和计算基础设施监测。Franklin 等（2005）给出了高扇入系统带来的关键特征和数据管理挑战，并主张采用统一的、基于查询的方法来解决这些问题。然后，他们介绍了高保真背后的初始设计概念，其正在构建的系统体现了这些想法，并描述了一个概念验证原型。基于接收器的大规模系统的出现使应用程序能够对监控物理世界生成的数据执行复杂的业务逻辑。这些应用程序需要的一个重要功能是检测和响应复杂事件，通常是实时的。此外，缩短低水平受体技术与应用的高水平需求之间的差距仍然是一个重大挑战。Rizvi 等（2005）在 HiFi 环境中演示对该问题的解决方案，同时构建 HiFi 系统，以解决基于接收器系统的大规模数据管理问题。具体来说，Rizvi 等展示了HiFi 如何利用其边缘的受体数据生成简单事件，并提供了高功能的复杂事件处理机制，用于使用真实世界的库场景进行复杂事件检测。

（2）Trio：数据、准确性和血统的集成管理系统。Trio（Widom J，2005）是一个新的数据库系统，它不仅管理数据，还管理数据的准确性和沿袭性。不精确（不确定、概率、模糊、近似、不完整、不精确）数据库在过去已经被提出，世袭问题也被研究过。Trio 项目的目标是将以前的工作合并并提炼成一个简单且可用的模型，设计一种查询语言作为 SQL 的可理解扩展，最重要的是构建一个工作系统——作为数据的一个组成部分，以准确性和沿袭性增强传统数据管理的系统。Widom 的研究为 Trio 提供了许多激励应用程序，并对数据模型、查询语言和原型系统进行了初步规划。

（3）Gayuga：基于非确定性有限状态自动机（NFA）的状态发布/订阅系统。Demers 等（2006，2007）设计实现了一个名为 Cayuga 的状态发布/订阅系统。Cayuga 允许用户表达跨多个事件的订阅，并支持强大的语言功能，如参数化和聚合，这大大扩展了标准发布/订阅系统的表达能力。

（4）Theseos：一个跨主权分布式 RFID 数据库跟踪的查询引擎。Theseos（Cheung A 等，2007）为可追溯性应用程序提供了执行复杂可追溯性查询的能力，这些查询可能跨越多个 RFID 数据库。Theseos 具有以下功能和优点：①这些操作系统支持 SQL 的子集（包括聚合、跨数据库连接、递归），足以表示常见的可追溯性查询类型，如谱系查询、召回查询和物料清单查询；②Theseos 对可追溯性应用程序隐藏跨多个 RFID 数据库的数据分布；③Theseos 允许组织有选择地共享可追溯性数据（大多数企业的共同需求）；④可追溯性应用程序可以是小的应用程序（如 Web 应用程序）。

（5）SASE：数据流上的复杂事件处理。RFID 技术越来越多地被用于跟踪和监控其设备的广泛部署将很快产生前所未有的数据量。而新兴应用需要对 RFID 数据进行过滤和关联，以进行复杂模式检测，并将其转换为事件，为最终应用程序提供有意义的、可操作的信息。Gyllstrom 等（2007）设计并开发了 SASE，这是一个复杂的事件处理系统，可以在实时流上执行这样的数据信息转换。同时，他们设计了一种复杂的事件语言，用于指定此类转换的应用程序逻辑，还设计了新的查询处理技术来高效地实现该语言，并开发了一个综合系统，用于收集、清洗和处理 RFID 数据，以交付相关信息，及时提供信息，并存储必要的数据以备将来查询。此外，他们还通过一个真实的零售管理场景演示了 SASE 的初始原型。

（6）PEEX：从 RFID 数据中提取概率事件。Khoussainova 等（2008a，2008b）介绍了 PEEX，一个使应用程序能够从 RFID 数据中定义和提取有意义的概率高层事件的系统。PEEX 能够有效地处理数据中的错误和事件提取的固有模糊性。

（7）Lahar：相关概率流上的事件查询。检测数据流中事件的一个主要问题是数据可能不精确（如 RFID 数据）。然而，目前现有的事件检测系统（如 Cayuga、SASE 或 SnoopIB）都假设数据是精确的，而其他相关技术一般使用隐马尔可夫模型等来捕获数据中的噪声。但是使用这些模型的推理产生了现有系统无法直接查询的概率事件流。为了应对这一挑战，Ré 等（2008）设计了 Lahar，一个用于概率事件流的事件处理系统。通过利用数据的概率性质，Lahar 产生了比仅对最可能元组进行操作的确定性技术更高的查全率和查准率。通过使用一种新的静态分析和新算法，Lahar 处理数据的效率比基于采样的朴素方法高出几个数量级。Ré 等不仅介绍了 Lahar 的静态分析和核心算法，还通过原型实现的实验以及与其他方法的比较，展示了所提出方法的质量和性能。

（8）Cascadia：用于指定、检测和管理 RFID 事件的系统。Cascadia 是一个为基于 RFID 的普适计算应用程序提供基础设施的系统，用于从原始 RFID 数据中指定、提取和管理有意义的高级事件。Cascadia 提供三项重要服务：第一，它允许应用程序开发人员甚至用户使用声明性查询语言或基于直接操作的直观可视语言指定事件；第二，它提供了一个 API，有助于开发依赖基于 RFID 事件的应用程序；第三，它自动检测指定的事件，将它们转发到已注册的应用程序，并存储它们以供以后使用（如用于历史查询）。Welbourne 等（2008）介绍了 Cascadia 的设计和实现以及评估，其中包括用户研究和在建筑范围内 RFID 部署中收集的痕迹测量。为了演示 Cascadia 如何促进应用程序开发，Welbourne 等以日历的形式构建了一个简单的数字日记应用程序，该应用程序使用基于 RFID 的事件填充自己。Cascadia 通过将 RFID 读数转换为概率事件来应对 RFID 部署中的模糊 RFID 数据和限制。实验表明，这种方法优于确定性事件检测技术，同时避免了指定和训练复杂模型的需要。

（9）DejaVu：实时和归档事件流上的声明性模式匹配。DejaVu 是一个事件处理系统，它在一个新的系统架构之上集成了对实时和归档事件流的声明性模式匹配。Dindar 等（2009）建议使用两种不同的应用场景来演示 DejaVu 查询语言和体系结构的关键方面，即智能 RFID 库系统和金融市场数据分析应用程序。该演示表明了 DejaVu 如何使用高度交互的可视化监控工具（包括基于 Second Life 虚拟世界的工具）统一处理实时和归档流存储上的一次性、连续和混合模式匹配查询。

（10）支持一系列乱序事件的处理技术：从激进到保守的方法。Wei 等（2009）介绍了一个复杂的事件处理系统，该系统侧重于乱序处理。现有的事件流处理技术在面对乱序数据到达时遇到了重大挑战，包括巨大的系统延迟、丢失的结果和不正确的结果生成。对此，Wei 等提出了两种乱序处理技术，保守策略和进取策略。此外，他们还展示了所提出的技术的效率，以及该技术如何满足不同应用程序的各种 QoS 需求。

表 2-6 展示的是各学者提出的 RFID 应用系统的对比。

表 2-6　RFID 应用系统对比

文献	系统	功能描述
Cheung A 等（2007）	Theseos	一个跨主权分布式 RFID 数据库跟踪的查询引擎
Cooper O 等（2004） Franklin M J 等（2005）	HiFi	该原型使用数据流查询处理来获取、过滤和聚合来自多个设备的数据，包括传感器微尘、RFID 读写器、作为高扇入系统组织的低功耗网关
Demers A 等 （2006，2007）	Cayuga	一个基于非确定性有限状态自动机（NFA）的状态发布/订阅系统
Dindar N 等（2009）	DejaVu	实时和归档事件流上的声明性模式匹配系统
Gyllstrom D 等（2007）	SASE	一个复杂的事件处理系统，可以在实时流上执行这样的数据信息转换。还是一个综合系统，用于收集、清洗和处理 RFID 数据，以交付相关信息，及时提供信息，并存储必要的数据以备将来查询
Khoussainova N 等 （2008a，2008b）	PEEX	一个复杂事件处理系统。一个使应用程序能够从 RFID 数据中定义和提取有意义的概率高层事件的系统
Rizvi S 等（2005）	HiFi	利用边缘的受体数据生成简单事件，并提供了高功能的复杂事件处理机制，用于使用真实世界的库场景进行复杂事件检测
Ré C 等（2008）	Lahar	一个用于概率事件流的事件处理系统
Wei M 等（2009）		一个复杂的事件处理系统，该系统侧重于乱序处理
Welbourne E 等（2008）	Cascadia	一个为基于 RFID 的普适计算应用程序提供基础设施的系统，用于从原始 RFID 数据中指定、提取和管理有意义的高级事件
Widom J（2005）	Trio	一个新的数据库系统，不仅管理数据，还管理数据的准确性和沿袭性

2.7　相关综述文献

（1）数据清洗：问题和当前方法。Rahm 和 Do（2000）对数据清洗解决的数据质量问题进行分类，并概述主要的解决方法。尤其在集成异构数据源时，应该结合模式相关的数据转换来进行数据清洗。在数据仓库中，数据清洗是所谓 ETL 过程的主要部分。此外，Rahm 和 Do 还讨论了当时用于数据清洗的工具支持。

（2）数据质量和数据清洗研究综述。郭志懋和周傲英（2002）对数据质量，尤其是数据清洗的研究进行了综述。首先，他们说明了数据质量的重要性和衡量指标，定义了数据清洗问题；其次，他们对数据清洗问题进行分类，并分析了解决这些问题的途径；再次，他们说明了数据清洗研究与其他技术的结合情况，分析了几种数据清洗框架；最后，他们对将来数据清洗领域的研究问题作了展望。

（3）流数据分析与管理综述。有关流数据分析与管理的研究是目前国际数据库研究领域的一个热点。在过去 40 多年中，尽管传统数据库技术发展迅速且得到了广泛应用，但是它不能够处理在诸如网络路由、传感器网络、股票分析等应用中所生成的一种新型数据，即流数据。流数据的特点是数据持续到达，且速度快、规模宏大；其研究核心是设计高效的单遍数据集扫描算法，在一个远小于数据规模的内存空间里不断更新一个代表数据集的结构——概要数据结构，使在任何时候都能够根据这个结构迅速获得近似查询结果。金澈清等（2004）综述了国际上关于流数据的概要数据结构生成与维护的研究成果，并通过列举解决流数据上两个重要问题的各种方案来比较各种算法的特点以及优劣。

（4）管理 RFID 数据。RFID 技术使传感器能够高效、廉价地跟踪商品和其他物体。然而，RFID 读写器和标签的激增带来了大量数据，这给数据管理带来了一些有趣的挑战。Chawathe 等（2004）简要介绍了 RFID 技术，包括 RFID 标签的分类、系统架构、系统配置，并重点介绍了一些数据管理挑战，包括在线数据仓库、数据推理。

（5）RFID 技术简介。Want（2006）介绍了 RFID 的原理，讨论了其主要技术和应用，并回顾了企业在部署该技术时将面临的挑战。

（6）RFID 数据管理：挑战与机遇。RFID 技术有望彻底改变人们在供应链、零售店和资产管理应用程序中跟踪物品的方式。RFID 数据的大小和不同特征在当前的数据管理系统中提出了许多有趣的挑战。Derakhshan 等（2007）概述了 RFID 技术，并强调了一些适合探索性研究的数据管理挑战，比如 RFID 数据清洗、不确定数据处理、数据世袭、RFID 事件处理等。

（7）RFID 数据管理的研究进展。李战怀等（2007）分别介绍了 RFID 系统组成及工作原理、RFID 数据特性与 RFID 数据管理、RFID 数据管理的研究进展等。

（8）RFID 复杂事件处理技术。随着 RFID 技术的发展，RFID 应用无所不在。通过对 RFID 数据的深入处理和分析，可以发现更复杂的复合事件和隐含知识，从而有效地支持事件监控、事件预警等先进应用。由于 RFID 的特殊性，依靠现有的主动数据库技术和数据流管理技术难以实现高效的 RFID 事件检测和处理。谷峪等（2007）分析了 RFID 数据的特点，归纳和总结了 RFID 复杂事件处理的最新技术，讨论了一些亟待解决的新问题，主要有 RFID 数据清洗方法、以数据为中心的检测技术、以事件为中心的检测技术、复杂事件处理系统等，并对今后的研究重点进行了展望。

（9）数据流挖掘分类技术综述。数据流挖掘作为从连续不断的数据流中挖掘有用信息的技术，近年来正成为数据挖掘领域的研究热点，并有着广泛的应用前景。数据流具有数据持续到达、到达速度快、数据规模巨大等特点，因此需要新颖的算法来解决这些问题。而数据流挖掘的分类技术更是当前的研究热点。王涛等（2007）综述了当前国际上关于数据流挖掘分类算法的研究现状，并从数据平稳分布和带概念漂移两个方面对这些方法进行了系统的介绍与分析，最后对数据流挖掘分类技术当前所面临的问题和发展趋势进行了总结和展望。

（10）不确定性数据管理技术研究综述。随着数据采集和处理技术的进步，人们对数据的不确定性的认识也逐步深入。在诸如经济、军事、物流、金融、电信等领域的具体应用中，数据的不确定性普遍存在。不确定性数据的表现形式多种多样，它们可以关系型数据、半结构化数据、流数据或移动对象数据等形式出现。目前，根据应用特点与数据形式差异，研究者已经提出了多种针对不确定数据的数据模型，但这些不确定性数据模型的核心思想都源自于可能世界模型。可能世界模型从一个或多个不确定的数据源演化出诸多确定的数据库实例，称为可能世界实例，而且所有实例的概率之和等于 1。尽管可以分别为各个实例计算查询结果，并合并中间结果以生成最终查询结果，但由于可能世界实例的数量远大于不确定性数据库的规模，这种方法并不可行。因此，必须运用排序、剪枝等启发式技术设计新型算法，以提高效率。周傲英等（2009）介绍了不确定性数据管理技术的概念、特点与挑战，综述了数据模型、数据预处理与集成、存储与索引、查询处理等方面的工作。

（11）不确定性数据流管理技术。金澈清等（2009）介绍了不确定数据流的特点及其建模模型、要求与挑战、不确定性数据流管理的架构、当前进展（聚集查询、频繁元素查询、Top-k、Skyline 和聚类等）、未来研究方向。

（12）RFID 不确定数据管理技术。有关不确定数据管理的研究是当前国际数据库研究领域的一个热点。不确定性作为 RFID 系统的一个重要特征，贯穿于 RFID 应用的整个生命周期。RFID 系统主要存在两类不确定性：一类是客观不确定性，即原始数据客观存在不完整和不准确，这是造成 RFID 系统数据不确定的最直接原因；另一类是主观不确定性，这是由于对漏读数据的填补、对位置信息的推测、对事件语义的抽取和对事件发生时间的估计而产生的不确定性。许嘉等（2009）详细归纳了 RFID 系统中数据不确定性的来源，介绍了 RFID 不确定数据管理技术的研究现状，并指出了目前面临的挑战。

（13）不确定数据查询技术研究。当前不确定数据广泛存在于诸如传感器网络、RFID 网络、基于位置服务以及移动对象管理等各种现实的不确定性应用中。不确定数据查询作为不确定数据管理的重要组成部分，在信息检索、数据挖掘、决策制定和环境监控等众多应用中发挥重要作用，目前已成为数据库和网络计算等领域的一个研究热点。从目前不确定数据查询研究的各种查询类型介绍和查询特点分析出发，王意洁等（2012）主要综述了四种典型的不确定数据查询类型，即不确定 Skyline 查询、不确定Top-k 查询、不确定最近邻（NN）查询以及不确定聚集查询，同时重点论述了四种不确定数据查询的定义，各类查询的特点，并分类介绍了当前各类不确定数据查询研究的现状和各种查询方法的优缺点。此外，王意洁等还基于当前不确定数据查询技术的最新研究动态指出了未来研究工作的趋势。

（14）RFID 数据管理：算法、协议与性能评测。随着物联网关键理论及技术的发展，RFID 作为物联网的核心支撑技术，成为物联网领域备受关注的研究热点之一。谢磊等（2013）以 RFID 的数据管理为切入点，从算法、协议以及性能评测三个层面对 RFID 的研究工作进行阐述与分析，着重介绍了 RFID 的防冲突算法、认证与隐私保护协议、真实环境下系统的性能评测与分析等方面的研究成果及进展，并展望了未来的研究方向。

（15）管理 RFID 数据：挑战、机遇和解决方案。RFID 技术的进步极大地增强了从普适空间捕获数据的能力。在信息时代，如何通过感知到的 RFID 数据有效地理解人类的行为、移动和活动成为一个巨大的挑战。Xie 等（2014）以 RFID 数据管理为重点，概述了 RFID 当前面临的挑战、新出现的机遇和最新进展，并从算法、协议和性能评估三个方面对研究工作进行了描述和分析。他们调查了 RFID 的研究进展，包括防碰撞算法、身份验证和隐私保护协议、定位和活动感知、现实环境中的性能调整。Xie 等还强调了 RFID 数据管理的基本原理，以了解 RFID 的最新技术，并指出未来 RFID 研究的方向。

（16）射频识别（RFID）隐私保护技术综述。随着 RFID 技术的广泛应用，引发的隐私威胁问题越来越突出。了解 RFID 隐私的内涵和常见攻击方法，掌握现有的 RFID 隐私保护技术，有助于减少 RFID 隐私信息的泄露。周世杰等（2015）从 RFID 技术的基本概念入手，全面分析了 RFID 隐私及隐私威胁，给出了 RFID 隐私分类方法；对 RFID 隐私中的跟踪攻击和罗列攻击两种攻击方法进行了深入探讨。在此基础上，他们对现有典型的 RFID 隐私防御方法进行了详细讨论，并全面介绍了 RFID 隐私保护技术发展现状和动态，其研究可作为开展 RFID 隐私保护技术研究工作的参考和借鉴。

（17）面向室内空间的移动对象数据管理。调查表明：人们有 87% 左右的时间都在室内空间中活动，例如办公楼、商场、地铁站等。随着物联网以及 RFID、Wi-Fi 等室内定位技术的快速发展，如何有效管理日益增长的室内移动对象数据，使其支持多样化的室内位置服务应用，已成为公共安全、商业服务等诸多领域都亟须解决的基础性共性问题。金培权等（2015）针对室内空间在空间约束、定位技术、距离度量等方面的特点，归纳了室内空间移动对象数据管理研究中的关键问题，指出了移动对象数据管理研究领域的主要进展，讨论了室内空间表示模型、室内移动对象位置与轨迹模型、室内空间查询处理和室内移动对象索引等关键技术。在此基础上，金培权等对室内移动对象数据库的研究前景进行了展望。

（18）RFID 网络数据清洗技术综述。RFID 技术是一种自动识别通信的技术。随着 RFID 技术应用领域的扩大，需要不断提高 RFID 流数据的可靠性、正确性和完整性。因此，数据清洗对 RFID 系统具有重要意义。近年来，许多专家学者根据 RFID 数据流的特点提出了大量的清洗算法。Xu 等（2016）综述了 RFID 数据清洗技术和几种典型的数据清洗算法。

（19）基于 RFID 的无源感知机制研究综述。随着物联网技术的飞速发展与广泛部署，物联网领域的应用需求逐步从"万物互联"转变成"人—机—物"的感知融合。在众多感知技术之中，RFID 技术作为物联网领域的核心技术之一，由于标签的轻量级、可标记、易部署等特征，成为了"无源感知"的重要媒介。为深入剖析无源感知的研究方法，了解当前无源感知的研究进展，王楚豫等（2022）以基于 RFID 的无源感知研究为主要切入点，根据感知研究的一般流程，从感知渠道、感知方法、感知范畴以及感知应用这四个层面对近年来基于 RFID 的无源感知研究工作进行阐述和分析。他们着重在各个层面上分析相关技术的研究进展，比较不同技术在感知应用中的优势和劣势，总结当前阶段无源感知的主要研究趋势，并对未来发展方向进行展望。

表 2-7 展示的是各学者提出的 RFID 数据管理研究综述的对比。

表 2-7　RFID 数据管理研究综述对比

文献	综述内容							其他
	数据清洗	数据仓库	数据挖掘	数据查询	不确定数据处理	复杂事件处理	系统应用	
Chawathe S S 等（2004）		√						系统架构、RFID 分类、推理、配置设计
Derakhshan R 等（2007）	√				√	√		数据特点、数据世袭
Rahm E 等（2000）	√	√					√	不局限于某种数据
Want R（2006）								RFID 原理、RFID 分类、数据隐私
Xie L 等（2014）								防碰撞算法、身份验证和隐私保护协议、定位和活动感知、现实环境中的性能调整
Xu H 等（2016）	√							
谷峪等（2007）						√	√	
郭志懋等（2002）	√							数据质量，不局限于某种数据

续表

文献	综述内容							
	数据清洗	数据仓库	数据挖掘	数据查询	不确定数据处理	复杂事件处理	系统应用	其他
金澈清等（2004）								流数据处理，不局限于某种数据
金澈清等（2009）				√	√	√		
金培权等（2015）				√				数据索引
李战怀等（2007）	√	√	√			√		数据特点、系统架构
王楚豫等（2022）								感知渠道、感知方法、感知范畴、感知应用
王涛等（2007）			√					
王意洁等（2012）				√				
谢磊等（2013）								防冲突算法、认证与隐私保护协议、真实环境下系统的性能评测
许嘉等（2009）	√				√	√	√	数据世袭
周傲英等（2009）		√	√	√	√		√	数据世袭，不局限于某种数据
周世杰等（2015）								RFID 数据隐私保护

2.8　小结

本章对 RFID 数据管理相关研究进行了全面回顾。首先，从漏读数据清洗、不确定性数据清洗、多读数据清洗、冗余数据清洗、异常数据清洗、以上各种问题数据组合的清洗等方面回顾了 RFID 数据清洗现有的相关技术；其次，从以低延迟为目标的乱序事件处理、以准确性为目标的乱序事件处理、兼顾低延迟和准确性的乱序事件处理等方面回顾了 RFID 复杂事件处理的相关技术；最后，回顾了 RFID 数据查询、RFID 数据仓库、RFID 数据挖局、RFID 系统应用以及相关综述文章。本章旨在回顾 RFID 数据管理技术的研究进展情况，以帮助相关科研人员对该领域全面了解。

第 3 章　有效的 RFID 读写器功率自适应调节策略

为了有效降低读写器功率的消耗，本章提出了一种基于模糊控制理论的 RFID 读写器功率自适应调节策略。

3.1　引言

目前，无线射频识别（RFID）技术已在物流业、制造业、零售业等领域得到广泛的应用，也发挥了极其重要的作用（Want R，2006）。然而在具体应用过程中 RFID 读写器的功率大多数是恒定的，不能在实际应用中根据 RFID 标签的数目进行动态调整，这样就造成了电能的不必要消耗。例如，在采用了 RFID 技术的大型超市中，RFID 读写器在业务量密集的交易高峰时段和业务量稀疏的交易低谷时段都保持恒定的工作功率，这显然导致了大量电能的不必要浪费。针对这一问题，有必要对 RFID 读写器进行改进，让它能够根据顾客（RFID 标签）的流量来自动调节功率：当顾客（RFID 标签）流量不断时，让 RFID 读写器保持正常功率；当顾客流量稀疏时，RFID 读写器可调低功率；而在两次读取间隔间可将 RFID 读写器调节到休眠状态。

本章采用在 RFID 读写器消息中间件中集成功率自适应调节模块，来实现对读写器功率的自动调节。就调查研究，目前还未见基于消息中间件的 RFID 读写器功率自适应调节解决方案，与之紧密相关的研究主要有：刘竞杰（2007）针对 J2EE 中间件系统不能在负载变化的环境中自适应改变，造成性能随时间减低的状况，提出了基于模糊控制策略的 J2EE 应用服务器自适应调优系统。文献刘建华和项混伍（2008）针对读写器距离控制问题，通过分析阅读距离与射频增益的关系，推导出了自调节的计算方法，并且采用了模糊推理方法对读写器的读写距离进行调节控制。他们着重从硬件方面进行了设计且针对的是读写器阅读距离控制问题，而没有给出核心算法，同时也没有针对性的应用场景。方伟等（2008）针对消息中间件的性能与系统资源的消耗之间存在着一定的矛盾的情况，提出了一种基于模糊控制理论的自适应框架，从而可以在消息中间件的性能与其稳定性、可靠性之间作较好的平衡。

本章提出了一种基于模糊控制理论的 RFID 读写器功率自适应调节策略。此策略通过部署在读写器端的中间件来具体进行实现（李波等，2008），通过前后两次读取 RFID 标签数目的差值对 RFID 读写器功率进行实时调节，从而有效地降低了读写器功率的消耗。

本章后续部分结构如下：第 3.2 节，介绍基于中间件的 RFID 读写系统；第 3.3 节，提出功率自适应调节策略，设计模糊控制算法；第 3.4 节，通过仿真测试，比较自适应调节策略和模糊控制算法应用前后系统的性能；第 3.5 节，对本章内容进行总结。

3.2　基于中间件的 RFID 读写系统

中间件是一类独立出来的软件，主要功能是屏蔽系统间的差异，为硬件与系统、系统与系统间的连接提供通用的接口，减少二次开发难度与成本；另外，一些硬件或应用系统的功能也可以中间件的形式实现（张洁豪，2007）。

由于读写器功率的控制对实时性要求比较高，所以中间件的设计应该考虑两点：一是消息传输时间应尽量短；二是读写器的响应时间应尽量短。鉴于以上两点的考虑，将中间件及策略部署在读写器端。

由此，RFID 读写系统由电子标签、传感器、部署有中间件的读写器和主机四部分组成，如图 3-1 所示。

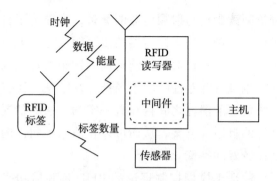

图 3-1　基于 RFID 中间件的 RFID 读写系统

3.3　自适应调节策略设计

　　总的来说，策略的设计按照感知、评估、调整三个步骤执行，且系统不断循环实施这三个步骤来达到策略的初衷，图 3-2 显示了自适应调节策略的总体结构。

　　本节后续部分结构如下：3.3.1 节，按照自适应调节策略的三个阶段来讲述所提出的策略；3.3.2 节，设计相应的算法。

3.3.1　自适应调节策略各阶段设计

　　自适应调节策略共有三个阶段，分别为感知阶段、评估阶段、调整阶段。

3.3.1.1　感知阶段

　　本系统外界环境的感知只需要探测 RFID 标签数目即可，此环节选择可感知标签数目的传感器。

　　自适应任务库中存放了外界环境监测模块和 RFID 读写器控制模块的初始化设置，当开启服务时，首先由解析模块将这些设置解析，然后初始化管理器对中间件中的相应模块进行初始化。在传感器探测到 RFID 标签之前，读写器处于休眠状态，此时读写器几乎不消耗功率；当探测到 RFID 标签时，触发中间件的相应模块进行后续的工作（见图 3-2）。

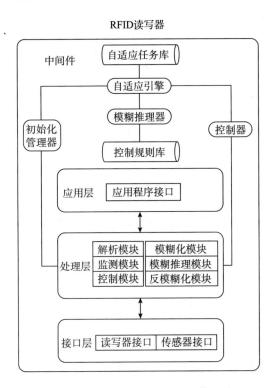

图 3-2　自适应调节策略的总体结构

3.3.1.2　评估阶段

此阶段包含模糊化、模糊推理计算、反模糊化三个过程。首先，模糊化将确定的被测量转换为模糊子集；其次，利用模糊推理法则进行推理计算（李洁等，2008）；最后，将计算得到的模糊子集反模糊化成确定量。在进行所有计算前，需要利用规则生成器生成语言规则查询表且存入规则库中。

模糊控制的输入量为本次读写的 RFID 标签数 Q_2 与前次读写的 RFID 标签数 Q_1 的差值 ΔQ，模糊控制的输出量为功率增大值 ΔE。输入与输出的论域及模糊子集如表 3-1 所示。

表 3-1　输入与输出的论域及模糊子集

论域	模糊子集	值域
$-120 \leqslant \Delta Q \leqslant 120$，$\Delta Q$ 为整数	$\Delta Q = \{NB, NM, NS, Z, PS, PM, PB\}$	$(-\infty, +\infty)$
$-12 \leqslant \Delta E \leqslant 12$，$\Delta E$ 为整数	$\Delta E = \{NB, NM, NS, Z, PS, PM, PB\}$	$(-\infty, +\infty)$

功率的调节跟标签数目相关，所以将功率调节细分为七种情况，相对应的 ΔQ、ΔE 论域也分为七个等级，语言值 A 分别都为负大（NB）、负中（NM）、负小（NS）、零（Z）、正小（PS）、正中（PM）、正大（PB）。隶属度函数采用铃型函数（正态分布函数）：

$$\mu_A(\Delta Q) = e^{\frac{-(\Delta Q - \Delta Q_0)^2}{2\sigma^2}} \tag{3-1}$$

其中，A 为语言值、ΔQ_0 是隶属度函数的中心值、σ^2 是方差。

事先，根据输入与输出变量的个数，可求出所需规则的最大数目：

$$N = n_{out} \times (n_{level})^{n_{in}} \tag{3-2}$$

其中，n_{in}、n_{out} 分别为输入与输出变量的个数，n_{level} 为输入与输出模糊划分的数目。

实际应用中某些组合状态不会出现，所以真正用到的规则只是其中一部分，一般用式（3-3）表示：

$$N = n_{out} \times (n_{in} \times (n_{level} - 1) + 1) \tag{3-3}$$

按照式（3-3）和人们的经验，由规则生成器生成有七条规则的查询表，如表 3-2 所示：

表 3-2　语言控制规则

若（if）	则（then）
$NB_{\Delta Q}$	$NB_{\Delta E}$
$NM_{\Delta Q}$	$NM_{\Delta E}$
$NS_{\Delta Q}$	$NS_{\Delta E}$
$Z_{\Delta Q}$	$Z_{\Delta E}$
$PS_{\Delta Q}$	$PS_{\Delta E}$
$PM_{\Delta Q}$	$PM_{\Delta E}$
$PB_{\Delta Q}$	$PB_{\Delta E}$

3.3.1.3　调整阶段

控制器模块接收模糊控制模块传来的新功率执行值 E，最后传给读写器控制器来实时控制 RFID 读写器的功率。

3.3.2　算法设计

第一，设计变量模糊化算法（Fuzzification-of-Variable，FoV），作用是根据前后两次标签的数量来确定模糊差值。其输入为本次与前次标签数量精确差值 ΔQ，输出为本次与前次标签数量模糊差值 ΔQ。如果 ΔQ 为 $(-\infty,$ $-5N]$ 中某一值时（N 为一正整数值），将负大赋给 ΔQ；如果 ΔQ 为 $(-5N, -3N]$ 中某一值时，将负中赋给 ΔQ。如果 ΔQ 为 $(-3N, -1N]$ 中某一值时，将负小赋给 ΔQ；如果 ΔQ 为 $(-1N, +1N]$ 中某一值时，将零赋给 ΔQ；如果 ΔQ 为 $(+1N, +3N]$ 中某一值时，将正小赋给 ΔQ；如果 ΔQ 为 $(+3N, +5N]$ 中某一值时，将正中赋给 ΔQ；如果 ΔQ 为 $(+5N, +\infty]$ 中某一值时，将正大赋给 ΔQ。具体的算法伪代码见算法 3-1。

算法 3-1　变量模糊化算法（Fuzzification-of-Variable，FoV）

Input：the accurate value of ΔQ after Q_2 subtracts Q_1

//输入：本次与前次标签数量精确差值 ΔQ

Output：the fuzzy value of ΔQ after Q_2 subtracts Q_1

//输出：本次与前次标签数量模糊差值 ΔQ

1. *if* $\Delta Q \in (-\infty, -5N]$

//如果 ΔQ 为 $(-\infty, -5N]$ 中某一值时，N 为一正整数值

2. $\Delta Q \leftarrow$ NB；

//将负大赋给 ΔQ

3. *else*

//其他情况下

4. *if* $\Delta Q \in (-5N, -3N]$

//如果 ΔQ 为 $(-5N, -3N]$ 中某一值时

5. $\Delta Q \leftarrow$ NM；

//将负中赋给 ΔQ

6. ……

//省略了其他几种情况的代码

7. *else*

//其他情况下

8. $\Delta Q \leftarrow$ PB；

//将正大赋给 ΔQ

9. *return* ΔQ；

//返回模糊值 ΔQ

第二，设计模糊推理算法（Fuzzy-Reasoning，FR），作用是根据前后两次标签的模糊差值 ΔQ 来确定本次读写器功率的模糊调整值 ΔE。其输入为本次与前次标签数量模糊差值 ΔQ，输出为本次读写器功率的模糊调整值 ΔE。如果 ΔQ 为 NB，则将负大赋给 ΔE；如果 ΔQ 为 NM，则将负中赋给 ΔE；如果 ΔQ 为 NS，则将负小赋给 ΔE；如果 ΔQ 为 Z，则将零赋给 ΔE；如果 ΔQ 为 PS，则将正小赋给 ΔE；如果 ΔQ 为 PM，则将正中赋给 ΔE。如果 ΔQ 为 PB，则将正大赋给 ΔE。具体的算法伪代码见算法 3-2。

算法 3-2　模糊推理算法（Fuzzy-Reasoning，FR）

Input：the fuzzy value of ΔQ after Q_2 subtracts Q_1
　　//输入：本次与前次标签数量模糊差值 ΔQ
Output：the fuzzy adjusted value of power ΔE
　　//输出：本次读写器功率的模糊调整值 ΔE
1. *if* ΔQ = NB
　　//如果 ΔQ 为负大时
2. $\Delta E \leftarrow$ NB；
　·//将负大赋给 ΔE
3. *else*
　　//其他情况下
4. *if* ΔQ = NM
　　//如果 ΔQ 为负中时
5. $\Delta E \leftarrow$ NM；
　　//将负中赋给 ΔE
6. ……
　　//省略了其他几种情况的代码
7. *else*
　　//其他情况下
8. $\Delta E \leftarrow$ PB；
　　//将正大赋给 ΔE
9. *return* ΔE；
　　// 返回模糊值 ΔE

第三，设计变量反模糊化算法（Defuzzification-of-Variable，DFoV），作用是根据本次读写器功率的模糊调整值 ΔE 来确定本次读写器功率的精确调整值 ΔE。其输入为本次读写器功率的模糊调整值 ΔE，输出为本次读写器功率的精确调整值 ΔE。如果 ΔQ 为 NB，则将 $-3P$ 赋给 ΔE，P 为一正整数值。如果 ΔQ 为 NM，则将 $-2P$ 赋给 ΔE。如果 ΔQ 为 NS，则将 $-P$ 赋给 ΔE。如果 ΔQ 为 Z，则将零赋给 ΔE。如果 ΔQ 为 PS，则将 P 赋给 ΔE。

如果 ΔQ 为 PM，则将 $2P$ 赋给 ΔE。如果 ΔQ 为 PB，则将 $3P$ 赋给 ΔE。具体的算法伪代码见算法 3-3。

算法 3-3　变量反模糊化算法（Defuzzification-of-Variable，DFoV）

Input：the fuzzy adjusted value of power ΔE
　//输入：本次读写器功率的模糊调整值 ΔE
Output：the accurate adjusted value of power ΔE
　//输出：本次读写器功率的精确调整值 ΔE
1. *if* $\Delta E = $ NB
　//如果 ΔQ 为负大时
2. $\Delta E = -3P$；
　//将 $-3P$ 赋给 ΔE，P 为一正整数值
3. *else*
　//其他情况下
4. *if* $\Delta E = $ NM
　//如果 ΔQ 为负中时
5. $\Delta E = -2P$；
　//将 $-2P$ 赋给 ΔE
6. ……
　//省略了其他几种情况的代码
7. *else*
　//其他情况下
8. $\Delta E = 3P$；
　//将 $3P$ 赋给 ΔE
9. *return* ΔE；
　//返回精确值 ΔE

第四，设计模糊控制算法（Fuzzy-Control，FC），作用是根据采样值来确定本次读写器功率的输出功率值 E。其输入为各变量的基本论域和预置量，传感器采样周期 T，输出为本次读写器功率的输出功率值 E。首先，初始化各变量。当传感器采样中断时，求前后两次读取 RFID 标签数目的差值 ΔQ。根据 ΔQ 的情况，进行如下集中情况的操作：①在两次读取之间、或无客流情况下，读写器调节到休眠状态；②在有客流的情况下，分别调用模糊化算法、模糊推理算法、反模糊化算法。其次，采用结束后，求精确控制量 E。如果输出功率大于最大输出功率 P_{max}，则输出最大可输出功率 P_{max}；如果输出功率小于休眠功率 δ，则输出休眠功率 δ。最后，返回调整后的功率 E。具体的算法伪代码见算法 3-4。

算法 3-4　模糊控制算法（Fuzzy-Control，FC）

Input：basic domain & initialization value of every variable，sampling period

　　//输入：各变量的基本论域和预置量，传感器采样周期 T

Output：the control value of power E

　　//输出：控制量 E

1. initialization every variable；

　　//初始化各变量

2. *while*（is not in sampling period T）

　　//当传感器采样中断时

3. $\Delta Q = Q_2 - Q_1$；

　　//求前后两次读取 RFID 标签数目的差值

4. *switch* ΔQ　*do*

5. *case* $\Delta Q = 0$ && $Q_1 = 0$ && $Q_2 = 0$；

　　//两次读取之间、或无客流情况下

6. set RFID reader in dormancy；

　　//读写器调节到休眠状态

7. *end*；

8. *case* $\Delta Q \neq 0$

　　//有客流情况下

9. call **Fuzzification-of-Variable**；

　　//调用模糊化算法

10. call **Fuzzy-Reasoning**；

　　//调用模糊推理算法

11. call **Defuzzification-of-Variable**；

　　//调用反模糊化算法

12. *end*；

13. *end*；

14. *end*；

15. $E = E + \Delta E$；

　　//求精确控制量 E

16. *if*（$E > P_{max}$）

　　//如果输出功率大于最大输出功率 P_{max}

17. $E = P_{max}$；

　　//则输出最大可输出功率 P_{max}

18. *else*

　　//其他情况下

19. *if*（$E < \delta$）

　　//如果输出功率小于休眠功率 δ

20. $E = \delta$；

　　//则输出休眠功率 δ

21. *return* E；

　　//返回调整后的功率 E

模糊控制算法（Fuzzy-Control，FC）流程图如图 3-3 所示。

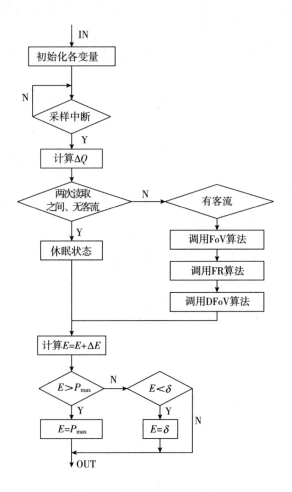

图 3-3　模糊控制算法流程

3.4　仿真测试

在车流较少、宽阔和信号源干扰较弱的道路上，固定于道路旁边电线杆上的 RFID 读写器分别对带有 100、20、70、40、10、80、30、130、

50、60、110、90 个电子标签的车辆进行了测试。电子标签安置于挡风玻璃处，车速 30km/h，仿真结果如图 3-4 和图 3-5 所示。设定采用自适应调节策略前读写器的输出功率为恒定值 3W。

从如图 3-4 和图 3-5 中可以看出，采用自适应调节策略后，功耗明显降低、节约功耗明显升高，这表明基于模糊控制理论的 RFID 读写器功率自适应调节策略收到了明显的效果，达到了此设计的目的。

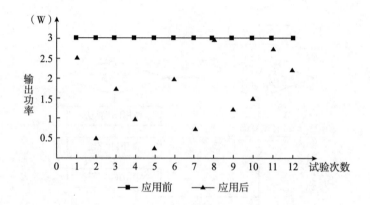

图 3-4　自适应策略应用前后读写器功耗比较

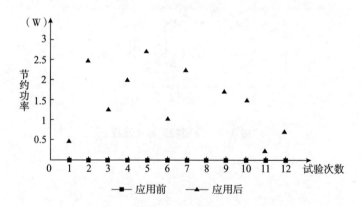

图 3-5　自适应策略应用前后读写器节约功耗比较

3.5　小结

　　针对目前的 RFID 读写器设计较为简单且以恒定功率工作而不能在实际应用中动态调整的问题，本章提出了一种基于模糊控制理论的 RFID 读写器功率自适应调节策略。通过仿真测试结果的对比，表明自适应调节策略具有明显的节能优势，并且提升了 RFID 读写器的灵活度与智能性，同时也表现出其很好的应用前景。今后笔者将在提高调节精确度及拓展应用范围等方面进行研究，下一步的研究重点为 RFID 数据管理的关键技术。

第 4 章　RFID 数据填补技术

根据第 2 章对相关研究工作的分析，笔者发现常见的数据清洗模型都是基于数据层面的。为了从逻辑层面丰富现有技术，本章提出了一种新的 RFID 数据填补技术，包括时间间隔模型、包含关系模型、惰性模型和正态分布模型，前三种属于确定性的填补方法，最后一种属于不确定性填补方法。

本章分别介绍上述四种数据填补模型，同时介绍相应的算法及其应用实例。

4.1　引言

射频识别（RFID）已被应用于许多领域，如供应链管理、智能建筑和零售（Chaves L W F 等，2010）。RFID 读写器监控其周围的 RFID 标签，并生成数据，然后由应用程序进行处理、聚合和查询。这些应用面临的主要挑战之一是 RFID 读写器数据的不可靠性，其限制了 RFID 技术的广泛采用。通常，RFID 数据流的不可靠性是由漏读和不精确读引起的。例如，RFID 读写器通常仅捕获其附近 60% ~ 70% 的标签（Floerkemeier C 等，2004）。为了减少这些错误的影响，从 RFID 读写器收集的原始数据必须在使用前进行适当的清洗。现有的应用程序倾向于使用烦琐的后处理和特定于应用程序的方法来清洗 RFID 数据。相反，笔者考虑从应用逻辑层面来清洗数据，而数据的清洗是通过在 RFID 读写器和应用之间插入数据来实现的。在本章中，笔者探讨了有效的方法插值漏读数据。

本章的主要贡献如下：

（1）提出了三种新的基于时间间隔、包含关系和惰性的确定性插值方法。

（2）提出了一种基于正态分布的概率插值方法。

（3）进行了大量的实验，证明了笔者所提出的方法相对于现有解决方案的有效性。

本章的其余部分结构如下：第 4.2 节回顾 RFID 数据清洗的相关工作；第 4.3 节~第 4.6 节提出了缺失读数的插值方法，包括三种确定性插值方法和一种概率插值方法；第 4.7 节进行大量的实验与评估；第 4.8 节对本章进行总结与展望。

4.2　相关工作

RFID 数据的不可靠性已被广泛研究，而且专家学者也已经提出了许多数据清洗技术来提高从嘈杂环境中收集的 RFID 数据的质量（Chaves L W F 等，2010；Rahm E 等，2000）。传统的数据清洗倾向于关注一小部分定义良好的任务，包括转换、匹配和重复消除（Chaves L W F 等，2010；Rahm E 等，2000）。

数据清洗的一项重要工作是对丢失的读数进行插值。为了补偿 RFID 数据流固有的不可靠性，一种常用的方法是平滑滤波器（Franklin M J 等，2005；Jeffery S R 等，2006a；Jeffery S R 等，2006b；Jeffery S R 等，2006c）。如果在平滑窗口内至少有一个相同对象的读数，则将填充所有遗漏的读数。大多数 RFID 中间件系统采用平滑过滤器，这是一种滑动窗口聚合，用于插值丢失的读数。Jeffery 等（2006a）提出了第一个用于 RFID 数据清洗的声明式自适应平滑滤波器（SMURF）。SMURF 通过将 RFID 流视为物理世界中标签的统计样本，对 RFID 读数的不可靠性进行建模。根据统计抽样方法，如果时间窗口内的读数读取率高于阈值，则将插入所有丢失的读数。Kanagal 和 Deshpande（2008）提出了基于置信度或粒子滤波器的概率模型。该概率模型基于与历史数据相关的训练结果，因此插值丢失读数后的结果不够准确。与上述方法不同，另一些工作侧重于通过使用基于规则的完整性约束来清理具有特定应用程序语义的数据（Khoussainova N 等，2006；Rao J 等，2006）。Chen 等（2010）充分利用数据冗余来清洗 RFID 数据流。此外，Jiang 等（2011）探索使用通信信息进行 RFID 数据清洗，使 RFID 读写器在早期产生更少的脏数据。

4.3 时间间隔填补模型

4.3.1 应用举例

在现实世界中，源 RFID 数据流通常不能展示一个完整且权威的有关目标对象的运动图像。

例 4-1：在一个零售店里，一瓶贴有电子标签的啤酒在时间 T_{i-1} 被读写器 R_i 读到，过后，在时间 T_{i+1} 又被读写器 R_i 读取到，但是中间时刻 T_i（$T_{i-1} < T_i < T_{i+1}$）却没有被任何读写器读取到。

啤酒上标签的漏读可能是由于读写器探测周期内的环境因素的干扰造成的。图 4-1 给出了读数及其相应的时空关联。图中的大圆表示读写器的探测范围；线条①和②分别表示目标物体经过读写器正常读取范围内的行走路径，线条间的空缺表示没有被读到；×代表一个标签的一个读数；？代表缺少一个物体的读数。根据常识，判定一个标签是否在读写器的读取范围内的标准是可接受的时间间隔 θ。

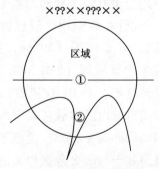

图 4-1　时间间隔数据清洗模型示意图

4.3.2 时间间隔填补模型设计

直觉上，一个物体不可能在短时间内离开探测区域然后又回来。因此，如果一个目标对象缺少读数，可以先找到缺失数据前的一个读数的时间戳 T_1，再找本段缺失数据后第一个读数的时间戳 T_2，接着比较时间间隔 δ（$\delta = T_2 - T_1$）与可接受时间间隔 θ 的大小。如果 δ 小于等于 θ，就确定应该填补上时间间隔 δ 内所有缺失的数据；如果 δ 大于 θ，则认为此物体在这段时间内离开了读写器的探测区域，也就不需要做任何工作。继续滑动时间窗口，重复以上操作。具体的伪代码见算法 4-1。

算法 4-1 时间间隔填补（Time Interval-based Interpolating, TII）

Input：raw RFID data streams, acceptable rangeθ

//输入：源 RFID 数据流、时间间隔阈值 θ

Output：the cleaned RFID data streams

//输出：清洗过的 RFID 数据流

1. *for* the readings of the same tag sighted by the same reader

//对于同一读写器读取的同一标签的数据

2. *if* $\delta <= \theta$

//如果时间间隔 δ 小于等于时间间隔阈值 θ

3. insert the missed readings；

//填补上时间间隔 δ 内所有缺失的数据

4. *else*

5. *if* $\delta > \theta$

//如果时间间隔 δ 大于时间间隔阈值 θ

6. do nothing；

//无操作

4.3.3 算法设计

本节给出基于时间间隔的填补算法 4-1。该算法的输入为源 RFID 数据流、时间间隔阈值 θ，输出为清洗过的 RFID 数据流。对于同一读写器读取的同一标签的数据，如果时间间隔 δ 小于等于时间间隔阈值 θ，则填补上时间间隔 δ 内所有缺失的数据；如果时间间隔 δ 大于时间间隔阈值 θ，则不需填补数据。

4.4 包含关系填补模型

4.4.1 应用举例

在供应链和检测系统中，一个箱子或者包裹里边装有一些物品，同时这些物品上都贴有标签，一般地，每个物体的读数都是不连续的。这种情形在图 4-2 中进行了描述。注意读写器 A、B 和 C 是三个安装在走廊内的连续的读写器。接下来，举一个例子。

例 4-2：Alice 提着一个手提包，其中装有手机和一串钥匙，此时她正经过一个走廊。贴有标签的这几件物品分别在时间 T_{i-1}、T_{i+1} 分别被 R_{i-1}、R_{i+1} 读取到，但是其中某个物体在时间 T_i 时没有被 R_i 读取到。

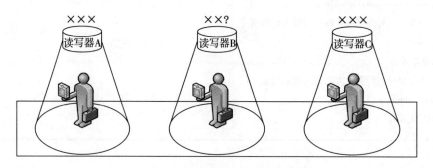

图 4-2　包含关系数据清洗模型示意图

为了处理漏读的数据，需要从注册到管理系统中的信息中推导出物体间的关系。本节将包含关系和拥有关系都记为包含关系。

4.4.2 包含关系填补模型设计

基于例 4-2 及其分析，本节给出一个新的数据填补模型。

对于多个标签而言，在某段时间内可能缺少数据，同时也不知道这些标签是否在读写器的读取范围内。这种情况下，如果能够推断出粘贴有标签的物体间的包含关系，这样就能确定某些标签是否在读写器的读取范围内，同时也能填补丢失的数据。

4.4.3　算法设计

本节给出基于包含关系的填补算法 4-2。该算法的输入为源 RFID 数据流、对象间关系，输出为清洗过的 RFID 数据流。对于同一读写器读取到的同一标签的读数，如果该标签在前后两个时间点都被探测到，而中间时间点却未被探测到，同时其与其他标签具有包含关系，则为该读写器填补缺失读数；对于不同读写器读取到的同一标签的读数，如果该标签被前后两个位置的读写器都探测到，而中间读写器却未探测到，同时其与其他标签具有包含关系，则为中间读写器填补缺失读数。

算法 4-2　包含关系填补（Containment Relationship-based Interpolating，CRI）

Input：raw RFID data streams, relationship among objects

　//输入：源 RFID 数据流、对象间关系

Output：the cleaned RFID data streams

　//输出：清洗过的 RFID 数据流

1. *for* the readings of the same tag sighted by the same reader

　//对于同一读写器读取到的同一标签的读数

2. *if* the readings of same tag with others are sighted at the front and behind-approximate time but not at middle time && these tags have containment relationships

　//如果该标签在前后两个时间点都被探测到，而中间时间点却未被探测到，同时其与其他标签具有包含关系

3. insert the missed readings for the same reader；

　//为该读写器填补缺失读数

4. *for* the readings of the same tag sighted by different readers

　//对于不同读写器读取到的同一标签的读数

5. *if* the readings of the same tag with others are sighted by the front and behind readers but not by middle reader && these tags have containment relationships

　//如果该标签被前后两个位置的读写器都探测到，而中间读写器却未探测到，同时其与其他标签具有包含关系

6. insert the missed readings for the middle reader；

　//为中间读写器填补缺失读数

4.5 惰性填补模型

4.5.1 应用举例

当物体进入或者离开读写器的次读取范围时，一般情况下会缺少数据，因为在次读取范围内读取率比较小（Chen H 等，2010）。因此，可以认为读写器对处于次读取范围内的物体有懒于探测的特性，将这种性质记为惰性。图 4-3 给出了相关的示意图。深色区域代表读写器的主探测区域，浅色部分代表读写器的次读取范围，箭头①和②分别代表进入和离开读写器的次读取范围。

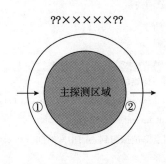

图 4-3 惰性数据清洗模型示意图

例 4-3：一台装有集装箱的铲车在时间 T_{i-1} 经过入口进入仓库时被读写器 R_{i-1} 读取到，在时间 T_i 时被读写器 R_i 读取到，接着短时间内没有读数。

因为进入一个区域是一个过程，每个物体都有保持自身状态的惰性，所以例 4-3 中时间点 T_{i-1} 前应该填补部分数据，时间点 T_i 后也应该填补部分数据。

4.5.2　惰性填补模型设计

每个物体都有自身的惰性，所以可以为每个物体填补部分丢失的数据。如果检测到一个读写器产生较少的读数时，首先可以在第一个读数前填补适当数量的数据，其次可以在最后一个读数后填补适当数量的数据，这样能使处理后的数据更接近其实际应该产生的数据量。

4.5.3　算法设计

本节给出基于惰性的填补算法 4-3。该算法的输入为源 RFID 数据流、对象惯性强度，输出为清洗过的 RFID 数据流。对于每个同一标签的读数，如果该标签在前一个接近时刻被探测到，而后续没有被任何读写器读到，则插入后续缺失的数据；如果该标签在后一个接近时刻被探测到，而之前没有被任何读写器读到，则插入之前缺失的数据。

算法 4-3　惰性填补（Inertia-based Interpolating，II）

Input：raw RFID data streams，inertia intensity of objects

//输入：源 RFID 数据流、对象惯性强度

Output：the cleaned RFID data streams

//输出：清洗过的 RFID 数据流

1. *for* the readings of the same tag

//对于同一标签的读数

2. *if* the readings of the same tag are sighted at front-approximate time but not sighted later by any reader

//如果该标签在前一个接近时刻被探测到，而后续没有被任何读写器读到

3. insert the missed readings；

//插入后续缺失的数据

4. *else*

5. *if* the readings of the same tag are sighted at behind-approximate time but not sighted at front time by any reader

//如果该标签在后一个接近时刻被探测到，而之前没有被任何读写器读到

6. insert the missed readings；

//插入之前缺失的数据

4.6　正态分布填补模型

4.6.1　模型设计

文献（Jeffery S R 等，2006a；Chen H 等，2010）经过实验验证了以下性质：在读写器的主读取范围内，读取率较高；在读写器的次读取范围内，读取率较低。

为了使正态分布模型发挥其效率，系统自适应地选择参数。正态分布模型的参数包括自变量 T_i、均值 μ 和方差 σ^2。在 RFID 数据填补的特定领域中，自变量 T_i 表示读数产生的时间，均值 μ 表示目标对象经过 RFID 读写器读取范围内的中间时间，方差 σ^2 表示偏离中间时间的程度。均值 μ 和方差 σ^2 可分别表示为式（4-1）和式（4-2）。

$$\mu = \frac{\sum_{i=1}^{n} T_i}{n} \tag{4-1}$$

$$\sigma^2 = \frac{\sum_{i=1}^{n} (T_i - \overline{T})^2}{n} \tag{4-2}$$

其中，T_i 表示每个读数的产生时间，n 代表读取的次数，$\overline{T}$ 表示平均时间。此外，T_i 的值域选取 $[\mu-3\sigma,\ \mu+3\sigma]$。图 4-4 描述了正态分布数据清洗模型。

图 4-4　正态分布数据清洗模型示意图

4.6.2 算法设计

本节给出基于正态分布的填补算法 4-4。该算法的输入为源 RFID 数据流、正态分布表，输出为清洗过的 RFID 数据流。①对于同一读写器读取到的同一标签的读数，有三种情况需要考虑：如果同一标签的读数只有左侧有缺失读数，则利用左侧正态分布填补缺失读数；如果同一标签的读数只有右侧有缺失读数，则利用右侧正态分布填补缺失读数；其他情况下，则利用常规正态分布填补缺失读数。②对于不同读写器读取到的同一标签的读数，有两种情况需要考虑：如果被左侧读写器探测到的同一标签的读数只有右侧缺失数据，则利用右侧正态分布填补缺失数据；如果被右侧读写器探测到的同一标签的读数只有左侧缺失数据，则利用左侧正态分布填补缺失数据。

算法 4-4　正态分布填补（Normal Distribution-based Probabilistic Interpolating，NDPI)

Input：raw RFID data streams, normal distribution table

　//输入：源 RFID 数据流、正态分布表

Output：the cleaned RFID data streams

　//输出：清洗过的 RFID 数据流

1. *for* the readings of the same tag sighted by the same reader

　//对于同一读写器读取到的同一标签的读数

2. *if* the readings of the same tag only have left missed readings

　//如果同一标签的读数只有左侧有缺失读数

3. insert the missed readings with left normal distribution；

　//利用左侧正态分布填补缺失读数

4. *else*

　//对于其他情况

5. *if* the readings of the same tag only have right missed readings

　//如果同一标签的读数只有右侧有缺失读数

6. insert the missed readings with right normal distribution；

　//利用右侧正态分布填补缺失读数

7. *else*

8. insert the missed readings with regular normal distribution；

　//利用常规正态分布填补缺失读数

算法 4-4　正态分布填补（Normal Distribution-based Probabilistic Interpolating，NDPI）

9. *for* the readings of the same tag sighted by different readers

　　//对于不同读写器读取到的同一标签的读数

10. *if* the readings of same tag by left reader only have right missed readings

　　//如果被左侧读写器探测到的同一标签的读数只有右侧缺失数据

11. insert the missed readings with right normal distribution；

　　//利用右侧正态分布填补缺失数据

12. *else*

13. *if* readings of same tag by right reader only have left missed readings

　　//如果被右侧读写器探测到的同一标签的读数只有左侧缺失数据

14. insert the missed readings with left normal distribution；

　　//利用左侧正态分布填补缺失数据

4.7　实验评估

4.7.1　实验环境

硬件：

（1）奔腾双核 CPU，1.86GHz；

（2）内存 2GB，硬盘 160GB。

软件：

（1）Linux 系统，CentOS5.4 版本；

（2）Oracle11g 企业版；

（3）C++&PL/SQL 语言。

4.7.2　实验数据集

表 4-1 总结了实验所需要的参数设置。为了保证实验的真实性和可靠

性，实验生成了以智能大厦为应用背景的 3 个数据集。仿真实验基于表 4-1 中所给的参数范围。此外，数据集的说明如下：

数据集 1：在此种情况下，物体的数量和物体间的关系都是随机的。

数据集 2：一旦物体进入 RFID 读写器的次读取范围，读写器就能探测到它们，但是由于各种因素的干扰，有时读写器可能会漏读部分标签的数据。此外，物体间有包含关系。

数据集 3：所有的贴有标签的物品都被存放在包里或者箱子里。因此，一般情况下只能在读写器的主读取范围内被探测到，而读写器的次读取范围和零读取范围内几乎没有数据产生。

表 4-1　实验参数设置

参数	描述	值域
N_{tag}	标签的数量	[5, 100]
V_{tag}	粘贴有标签的物体的速度	[0, 2] m/s
T	仿真实验所需时间	[100, 1000] s
S_{reader}	读写器的读取范围	[1, 4] m
N_{epoch}	读写器读取次数	[500, 5000]

4.7.3　算法性能评估

4.7.3.1　评估标准

本实验从两个方面对提出的数据填补模型进行评估：第一个是算法的处理时间；第二个是数据处理过后的精确度。数据的精确度可以用式（4-3）来计算：

$$Avg(err) = \frac{\sum_{i=1}^{N_{epoch}}(FalseNegative_i + FalsePositive_i)}{N_{epoch}} \tag{4-3}$$

在以下的两个实验中，将比较第三章中提出的算法与现有技术的处理时间和精确度。作比较的现有技术包括静态窗口-1 秒（Static-1）、静态窗口-2 秒（Static-2）、静态窗口-5 秒（Static-5）和自适应窗口清洗算法

（SMURF）。为了在下文中表述方便，简单地将时间间隔数据填补算法（Time Interval-based Interpolating Method）、包含关系数据填补算法（Containment Relationship-base Interpolating Method）、惰性数据填补算法（Inertia-based Interpolating Method）和正态分布数据填补算法（Normal Distribution-based Probabilistic Interpolating Method）分别标记为 Interval、Relationship、Inertia 和 NDPI。注意笔者所提出的前三种方法都是确定性数据填补方法，简单记为 Deterministic。

4.7.3.2　处理时间比较

在本实验中，用仿真模拟期间的总体时间耗费来说明算法在复杂多变的环境中的柔韧性和灵活性。

基于数据集 1（Data Set 1）的实验结果在图 4-5 中有详细描述。首先，确定不同数量的贴有标签的物体对处理时间的影响。在图 4-5（a）中，发现算法的处理时间随着物体数量的增加而线性增长。对 Deterministic 和 NDPI 的结合与 SMURF 而言，它们都是很耗费时间的，因为 Deterministic 和 NDPI 的结合是一个典型的管道处理方法，而 SMURF 必须为确定时间窗口自适应变化的各个参数耗费许多时间。

其次，研究标签的漏读率对算法处理时间的影响。从图 4-5（b）可以看出，当标签的漏读率适中时，现有几种填补技术的处理时间要高于新提出的算法，因为它们将要填补更多的丢失数据。Interval 方法跟上述情况类似，耗时较少。然而，当标签的漏读率较大时，Relationship 和 Inertia 方法要花费额外的时间计算物体间的关系，进而来填补丢失的数据。同时，Deterministic 和 NDPI 的结合方法耗费的时间一直是除 SMURF 外其他方法的两倍以上，因为此方法是一个典型的管道处理方法，它用时间来换取较大的数据处理精确度。当将 Deterministic 和 NDPI 两种方法分开使用时，处理时间接近现有填补技术的耗费时间。一般地，并不是所有的应用场景都要利用 Deterministic 方法和 NDPI 方法的结合，所以一般情况下两者结合方法的处理时间要低于图 4-5 中描述的时间。

4.7.3.3　数据精确度比较

在本实验中，将利用数据集 2（Data Set 2）和数据集 3（Data Set 3）进行数据精确度方面的评估。

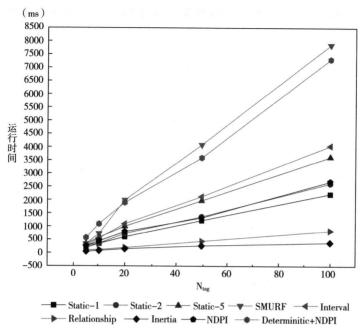

（a）标签数量变化情况下数据处理时间（数据集1，T=100s）

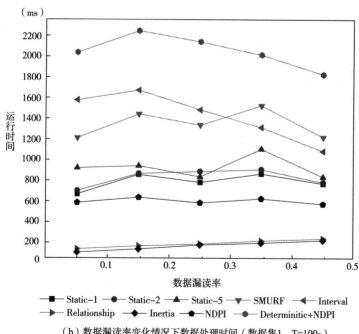

（b）数据漏读率变化情况下数据处理时间（数据集1，T=100s）

图 4-5　几种数据填补方法的处理时间比较

从图 4-6（a）可以看出，数据集 2 内本身比其他数据集有更多的时间间隔，因此在数据集 2 时，Interval 方法的性能明显优于 Static-i。在图 4-6（b）中，数据集 3 中的物体惰性较强并且在物体间有更多的关系时，在大多数情况下，Inertia 和 Relationship 方法比 Static-i 方法性能更优。从图 4-6 中可以看出，小的 Static-i 方法表现得比大的 Static-i 方法明显要好，因为物体是经常移动的，相比而言，小的窗口更能捕捉物体的动态性。在大多数情况下，NDPI 工作的比 SMURF 好。然而，当利用 Deterministic 和 NDPI 的结合方法时，其性能要远远好于 SMURF，这是因为在 Deterministic 处理过后，NDPI 可以获得更精确的参数，也就更有利于 NDPI 性能的发挥。

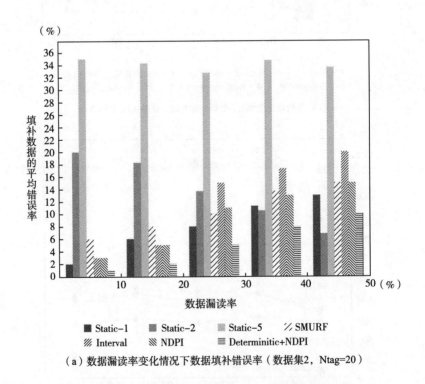

（a）数据漏读率变化情况下数据填补错误率（数据集 2，Ntag=20）

图 4-6　各种数据填补技术的处理过后数据的精确度

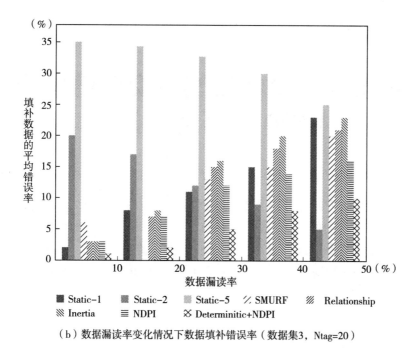

（b）数据漏读率变化情况下数据填补错误率（数据集3，Ntag=20）

图 4-6　各种数据填补技术的处理过后数据的精确度（续）

注：数据集 2 和数据集 3 为特定的模型实验生成的数据，此处只选择特定的几个算法。

4.8　小结

RFID 技术被用于许多传感数据的采集应用中。然而，由于经常出现遗漏读数和不可靠读数，原始 RFID 读数的质量通常较低。在本章中，笔者探索了有效的方法来插入漏读数据，提出了三种新的确定性插值方法和一种新的概率插值方法。然后进行了大量的实验，实验结果证明了四种方法的可行性和有效性。

第5章 基于读写器交流信息的 RFID 数据清洗技术

第 2 章详细介绍并分析了现有数据清洗模型的优缺点，第 4 章提出了四种新的数据层面的 RFID 数据填补技术。本章从一个新的角度，即逻辑层面来对数据进行清洗，提出了一种基于读写器交流信息（Solanas A 等，2007）的 RFID 数据清洗技术。下面将详细介绍此技术所需要的基本要素以及详细的清洗过程。

5.1 引言

射频识别（RFID）是一种很有前途的跟踪产品和人流的技术。限制 RFID 技术广泛采用的主要因素之一是 RFID 读写器产生的数据流的不可靠性（Jeffery S R 等，2006a）。为了解决这个问题，学者提出了许多 RFID 数据清理技术。然而，现有的 RFID 数据清洗工作忽略了读写器之间的通信能力，而这对于设计一种有效的 RFID 数据清洗方法非常有用。在文献（Solanas A 等，2007）中，Solanas 提出了一种分布式体系结构，用于可扩展的私有 RFID 标签识别，前提是所有读写器都具有通信能力，并且可以使用安全通道与其他读写器交换信息。此外，许多公司已经初步计划将 RFID 读写器集成到手机中，这将使读写器之间的通信更加方便。出于这种潜在的实用性，在本章中，笔者做出了与文献（Solanas A 等，2007）相同的假设，即所有读写器都具有通信能力，并且可以与其他读写器交换信息。在此基础上，探讨了 RFID 数据清洗技术。

具体而言，本章的主要贡献可总结如下：

（1）探索使用通信信息进行 RFID 数据清洗。据调查研究，这是第一次试图考虑它在 RFID 数据清洗方面的使用。

（2）通过 RFID 读写器通信协议，提出了一种带参数的单元事件序列树模型。

（3）提出了三种新的 RFID 数据清洗方法，分别用于删除冗余读取、纠正误报读取和填补缺失数据。

（4）通过一组模拟实验来评估所提出的方法的性能。

本章的其余部分结构如下。第 5.2 节，回顾 RFID 数据清理的相关工作；第 5.3 节，描述读写器通信协议；第 5.4 节和第 5.5 节，分别提出交流信息树和概率单元事件的模型或概念；第 5.6 节，介绍三种新的 RFID 数据清洗方法；第 5.7 节，报告大量的实验与评估结果；第 5.8 节，对本章进行总结。

5.2 相关工作

科技工作者们已经提出了许多 RFID 数据清洗技术来清洗来自读写器的输入数据（Jeffery S R 等，2006a）。面向数据仓库的技术不容易处理此类数据的清洗，因为该技术未考虑数据的时间和空间因素。根据观察结果，Jeffery 等（2006b）提出了可扩展数据流处理框架（ESP），这是一种用于清洗传感器/RFID 数据流的可扩展框架。ESP 是一种声明式查询处理工具，具有流水线设计，易于为每个接收器部署进行设置和配置。而 Jeffery 等（2006a）提出了 SMURF，第一个用于 RFID 数据清洗的声明式自适应平滑滤波器。SMURF 专注于滑动窗口聚合，用于填补丢失的读数。SMURF 通过将 RFID 流视为物理世界中标签的统计样本，对 RFID 读数的不可靠性进行建模。考虑到应用程序之间对数据异常定义的不同，Rao 等（2006）引入了一种用于检测和纠正 RFID 数据异常的延迟方法，该方法利用标准化 SQL/OLAP 功能来实现以声明性序列语言指定的规则。然而，上述方法并不能解决噪声和重复读数的问题。为了改进这些方法，Bai 等（2006）提出了几种去噪和重复消除的方法。为了纠正错误的 RFID 原始数据，Khoussainova 等（2006）提出了 StreamClean，一种使用全局完整性约束自动纠正输入数据错误的系统。然而，与抽样方法相比，它无法捕获所有与应用程序相关的先验知识和依赖性（Xie J 等，2008）。然而，Xie 等未能考虑 RFID 读写器重叠检测区域引起的重复读数。基于上述分析，Chen 等（2010）提出了一种基于贝叶斯推理的 RFID 原始数据清洗方法，该方法充分利用了数据的冗余特性。为了捕捉可能性，他们设计了一个状态检测模型，但忽略了被监控对象之间的相关性。Gu 等（2009a）通过有效维护和分析监控对象的相关性，提出了 RFID 的数据填补模型。这与本章的研究不同，本章的研究重点是如何通过读写器之间的通信信息，使 RFID 读写器在早期阶段产生更少的脏数据。

5.3　RFID 读写器通信协议

在设计通信协议之前，先给出一些前提条件和应用场景。第一个前提是 RFID 读写器有条件利用无线网络或者有线网络及时地进行通信；第二个前提是 RFID 读写器有足够的内存空间存储通信信息；第三个前提是共享信息内容，包括电子标签唯一标识码（EPC）、读写器标识码、逻辑区域 C_i。另外，本章选取博览会作为应用场景。

5.3.1　应用场景

博览会场馆示意图如图 5-1 所示。在图 5-1（a）中，左右两边的矩形框分别代表入口（System Access Point，SAP）和出口（System Exit Point，SEP）；正方形代表展台；小圆圈代表 RFID 读写器；R_i 表示 RFID 读写器的编号或者名称。图 5-1（b）是逻辑区域和 RFID 读写器连接拓扑网络的示意图。其中，大圆代表逻辑区域 C_i；逻辑区域 C_i 和 C_j 之间的连线代表两区域之间有通达的物理路径，而不是简单的可以相互通信。

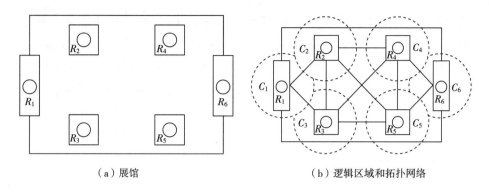

（a）展馆　　　　　　　　　　　（b）逻辑区域和拓扑网络

图 5-1　博览会场馆示意图

5.3.2　协议设计

在本节中，笔者将给出一个新的 RFID 读写器通信协议，如表 5-1 所示。

表 5-1　RFID 读写器通信协议

RFID 读写器通信协议
1. 利用入口处（SAP）的 RFID 读写器 R_{in} 注册新到达电子标签（EPC）；
2. 读写器 R_{in} 将信息"标签 EPC 在逻辑区域 C_{in}，可能将要进入你的探测区域"传递给其所有的邻接读写器 R_{adj}，让这些邻接读写器做好探测、计算和清洗工作；
3. 当标签 EPC 被邻接读写器 R_{adj} 中的 R_i 探测到以后，R_i 将信息"标签 EPC 在逻辑区域 C_i，可能将要进入你的探测区域"传递给 R_i 的所有的邻接读写器 R_{i_adj}；
4. 当标签 EPC 被出口处（SEP）的读写器 R_{out} 探测到以后，R_{out} 将信息"标签 EPC 离开了展馆"传递给其邻接读写器 R_{out_adj}，然后 R_{out_adj} 中的 R_i 将同一信息回传给其邻接读写器 R_{i_adj}，最后传给 R_{in}

现在举例说明通信协议的交流过程。例如，在图 5-1（b）中，一佩戴有电子标签 EPC_1 的人进入展馆。首先，读写器 R_1 注册 EPC_1，然后传递信息"标签 EPC_1 在逻辑区域 C_1，可能将要进入你的探测区域"给其邻

接读写器 R_2 和 R_3。其次，若 R_2 探测到标签 EPC_1，R_2 将传递信息 "标签 EPC_1 在逻辑区域 C_2，可能将要进入你的探测区域" 给其邻接读写器 R_1、R_3、R_4 和 R_5。再次，若 R_4 探测到标签 EPC_1，其将传递信息 "标签 EPC_1 在逻辑区域 C_4，可能将要进入你的探测区域" 给其邻接读写器 R_2、R_3、R_5 和 R_6。最后，R_6 探测到标签 EPC_1，其将回传信息 "标签 EPC 离开了展馆" 给其邻接读写器 R_4 和 R_5。稍后，R_4 和 R_5 将同一消息回传给其邻接读写器 R_2 和 R_4，最终到达 R_1。

5.4　动态概率单元事件模型

本节将首先基于博览会应用场景从 RFID 读写器拓扑网络中抽象出交流信息树的概念和相关数据结构，然后给出动态概率单元事件模型。

5.4.1　交流信息树

为了更好地理解交流信息树这个概念或者数据结构，首先介绍以下概念。交流信息树如图 5-2 所示。

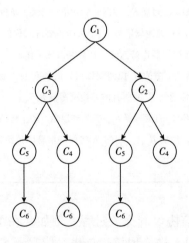

图 5-2　交流信息树的示意图

定义 5-1　单元（Cell）：每个 RFID 读写器的探测范围都覆盖一个特定的圆形区域，这个区域就像人体的一个细胞，因此将其简称为单元。单元的大小是由 RFID 读写器的功率来控制的，功率越大，单元就越大，反之就越小。为了方便表示，用单元半径 C 来表示单元，如图 5-1（b）中，虚线圆 C_1 就是一个单元。

定义 5-2　单元事件：当标签经过 RFID 读写器的读取范围时，将其称为单元事件，表示为 $E_i = C_\alpha C_\beta C_\gamma$，$C_\alpha \in C_{start}$，$C_\beta \in C_{mid}$ 和 $C_\gamma \in C_{end}$。其中，C_{start}、C_{mid} 和 C_{end} 分别表示逻辑区域中的起始点、中间点和终止点。将其中的元素称为单元事件，单元个数的多少代表事件长度 $L_{cell-event}$（E_i）。比如，在图 5-2 中，根节点 C_1 的最左分支是 $C_1 C_3 C_5 C_6$ 并且事件长度为 4，另外，根节点 C_1 的最右分支是 $C_1 C_2 C_4$，并且事件长度为 3。

5.4.2　模型设计

定义 5-3　单元事件发生率：在特定时间段 T 内，将指定单元事件 E_i 的数量与总的单元事件 U 的数量的比值称为单元事件发生率，将其表示为式（5-1）：

$$P_{EPC}(E_i,\ T) = count\ (E_i,\ T)\ / count\ (U,\ T) \qquad (5-1)$$

在式（5-1）中，$count$（E_i，T）表示在特定时间段 T 内指定单元事件 E_i 的数量，U 表示所有的单元事件。很容易推断出在指定时间段内所有单元事件的发生率为 1，将其表示为式（5-2）：

$$\sum_{E_i \in U} P_{EPC}(E_i,\ T) = 1 \qquad (5-2)$$

定义 5-4　单元区域内的漏读率：在指定单元 C_i 和时间段 T 内，漏读率是出现在读写器的探测范围内却没有被探测到的标签数量与所有实际上出现的标签数量的比值，用 P_{MC}（C_i，T）来表示。比如，如果有 10 个标签在时间段 PM1：00-1：01 出现于单元 C_3 内，但是单元 C_3 内的读写器 R_3 只探测到其中的 7 个，则称单元 C_3 内的漏读率为 0.3。

单元区域内的漏读率受到诸多物理环境因素的影响，比如读写器天线的方位，标签的探测顺序，电磁波、水、金属等的干扰。虽然具体是哪一种或者几种因素难以确定，但还是可以通过统计方法计算出漏读率。

定义 5-5　动态概率单元事件模型：这是一种包含单元事件发生率和

单元区域漏读率的自学习模型。本章用带有发生率和漏读率的交流信息树来表示此模型（见图 5-3）。

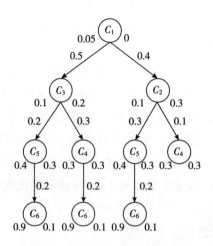

图 5-3　动态概率单元事件模型

现在举例说明基于交流信息树的动态概率单元事件模型。在图 5-3 中，节点代表逻辑区域——单元，如节点 C_2 左右两边的数字分别表示在单元 C_2 停止事件的发生率为 0.1、漏读率 0.3；节点间的边表示节点间从物理路径上可以通达；节点 C_i 和 C_j 间，边 e_{ij} 上的权重代表物体经过单元 C_1，C_2，…，C_i 后到达 C_j 的概率；同时，节点 C_k 是节点 C_{k+1} 的父节点。例如，边 $e_{34}=0.3$ 代表标签经过单元 C_1、C_3 后到达单元 C_4 的概率是 0.3。

为了保证每个节点的概率都随着现实的改变而改变，应该将单元事件模型的概率及时更新。因此，本章采用滑动窗口来自学习交流信息，同时给出单元事件的增量维护。然而，时间窗口的大小和滑动距离难以确定，所以本章通过实验来确定这些参数。

5.5　Top-k 概率单元事件模型

定义 5-6　Top-k 概率单元事件：在特定时间段 T 内，至少有两个破裂的单元事件，如 $E_1 = C_1$，C_2，$\cdots$，C_i 和 $E_2 = C_m$，C_{m+1}，$\cdots$，C_t，其中单元 C_i 和 C_m，以及单元 C_1 和 C_t 都不相邻，因此如果填补上一个或者几个单元事件，这两个破裂的单元事件就会组合成一个完整的单元事件。然而，要填补的事件和顺序都不确定，因此选择概率单元事件中概率最高的 k 个作为结果。其用式子 $CE_{Top\text{-}k}(E_1, E_2, \cdots, E_i, T)$ 来表示，其中 CE 代表单元事件。比如，在时间段 T 内有两个单元事件 $E_1 = C_1C_3$，$E_2 = C_6$，但是单元 C_1、C_3 与单元 C_6 是不相邻的，必须将其连接起来才符合实际情况，因为标签是不可能越过中间单元而到达后续单元区域内的。然后，通过学习单元事件模型，知道 C_4 和 C_5 是两个概率最大的单元事件，因此，给出两个填补好的单元事件 $E_1C_4E_2$ 和 $E_1C_5E_2$ 作为结果。

定义 5-7　最大概率单元事件：在概率单元事件中，最大概率单元事件是指发生概率最大的单元事件。将其表示为式（5-3）：

$$CE_{max}(E_1, E_2, \cdots, E_i, T) = \max(P(E_1, E_2, \cdots, E_i, E_{j\_interpolate}, T))$$

$$(5-3)$$

其中，$E_{j\_interpolate}$ 代表填补的单元事件。例如，在时间段 T 内有两个单元事件 $E_1 = C_1C_3$，$E_2 = C_6$，单元 C_1、C_3 与单元 C_6 是不相邻的，必须将其连接起来才符合实际情况，因为标签是不可能越过中间单元而到达后续单元区域内的。然后，通过学习单元事件模型，知道 C_4 是其中概率最大的单元事件，因此，给出一个填补好的单元事件 $E_1C_4E_2$ 作为结果。

5.6　RFID 数据清洗策略

本节介绍三种新的 RFID 数据清洗技术，分别为冗余数据消除方法、漏读数据填补方法和多读数据消除方法。

5.6.1　冗余数据消除方法

为了减少 RFID 冗余数据，将数据层的源数据转化为逻辑层的 $R(EPC, C, T_{start}, T_{end})$ 或者 $R(EPC, C, T_{stay})$。其中，T_{stay} 代表标签 EPC 在单元

C 中停留的时间长度。

计算停留时间 T_{stay} 的方法如下：因为读写器的探测范围可以分为主读取范围、次读取范围和零读取范围（Cocci R 等，2008；Xie J 等，2008），因此，可以推导出源 RFID 数据遵循正态分布 $N(\mu, \sigma^2)$。基于上述分析，首先，利用正态分布 $N(\mu, \sigma^2)$ 来扩展时间戳的范围，同时展示一个更符合现实场景的数据图片；其次，只记录标签唯一标识码 EPC、单元 C、相应的起始时间 T_{start} 和终止时间 T_{end}；最后，将这些处理好的数据传递给用户。

接下来，给出冗余数据消除算法。该算法的输入为源 RFID 数据流 D_{raw}、滑动窗口初始大小 W，输出为消除冗余的 RFID 数据流 D_{redu}。首先，给变量 k、W_k 和 T_{i_end} 分别赋初值 1、W、0。其次，对于每一个时间间隔 k，处理第 k 个时间窗口。对于第 k 个时间窗口中的源 RFID 数据流 D_{raw} 中的每个电子标签 EPC_i，进行如下两种情况的操作：①如果单元 C_i 中的电子标签 EPC_i 的第一个时间戳没有记录，则将第一个读数的时间戳赋给 T_{i_start}；②如果单元 C_i 中的电子标签 EPC_i 有记录，将最后一个读数的时间戳赋给 T_{i_end}。计算正态分布均值 μ，执行正态分布数据清洗操作，将执行过正态分布数据清洗后的第一个读数的时间戳赋给 T_{i_start}，将执行过正态分布数据清洗后的最后一个读数的时间戳赋给 T_{i_end}。再次，执行完上述两个操作后，对于第 k 个时间窗口，k 自加 1，计算每个电子标签的停留时间 T_{i_stay}。最后，将清洗过的数据返回，其记录形式有 $R(EPC, C, T_{start}, T_{end})$ 或者 $R(EPC, C, T_{stay})$。这样就消除了部分冗余数据。具体算法的伪代码见算法 5-1。

算法 5-1　冗余数据消除（Duplicate Data Reducing，D-DR）

Input：raw RFID data streams D_{raw}，size of sliding window W

　　//输入：源 RFID 数据流 D_{raw}、滑动窗口初始大小 W

Output：duplicate reducing data streams D_{redu}

　　//输出：消除冗余的 RFID 数据流 D_{redu}

1：$k \leftarrow 1$，$W_k \leftarrow W$ seconds，$T_{i\_end} \leftarrow 0$；

　　//给变量 k、W_k 和 T_{i_end} 分别赋初值 1、W、0

2：*while*（getNextEpoch（k））*do*

　　//对每一个时间间隔 k

续表

算法 5-1 冗余数据消除（Duplicate Data Reducing, D-DR）

3：processWindow（W_k）；

//处理第 k 个时间窗口

4：*for*（EPC_i in D_{raw}）*do*

//对于源 RFID 数据流 D_{raw} 中的每个电子标签 EPC_i

5：*if*（first timestamp of EPC_i in cell C_i is not record）*then*

//如果单元 C_i 中的电子标签 EPC_i 的第一个时间戳没有记录

6：T_{i_start}←timestamp of first reading；

//将第一个读数的时间戳赋给 T_{i_start}

7：*if*（there are readings of EPC_i in cell C_i）*then*

//如果单元 C_i 中的电子标签 EPC_i 有记录

8：T_{i_end}←timestamp of last reading；

//将最后一个读数的时间戳赋给 T_{i_end}

9：μ←（$T_{i\_end}-T_{i\_start}$）/2；

//计算正态分布均值 μ

10：normalDistribution（μ, σ^2）；

//执行正态分布数据清洗操作

11：T_{i_start}←timestamp of first readings after processing of normal distribution；

//将执行过正态分布数据清洗后的第一个读数的时间戳赋给 T_{i_start}

12：T_{i_end}←timestamp of last readings after processing of normal distribution；

//将执行过正态分布数据清洗后的最后一个读数的时间戳赋给 T_{i_end}

13：*end if*

14：*end for*

15：k++, T_{i_stay}←$T_{i\_end}-T_{i\_start}$；

//k 自加 1，计算每个电子标签的停留时间 T_{i_stay}

16：*return* D_{redu}←R（EPC, C, T_{start}, T_{end}）or R（EPC, C, T_{stay}）；

//将清洗过的数据返回

17：*end while*

为了更容易理解算法 5-1，这里举例说明。例如，在图 5-1（b）中，一个佩戴有电子标签 EPC_1 的人在时刻 t_1 进入单元 C_1，然后在时刻 t_2（$t_2>t_1$）离开单元 C_1。然而，读写器在时刻 t_1+a 探测到标签 EPC_1，在时刻 t_2-b

最后一次探测到标签 EPC_1。随着滑动窗口的移动，首先记录起始时间为 $T_{start}=t_1+a$，结束时间为 $T_{end}=t_2-b$；其次利用正态分布模型 $N(\mu, \sigma^2)$ 来扩展时间区域；最后给出开始时间为 $T_{start}=t_1+a-\alpha$，终止时间为 $T_{end}=t_2-b+\beta$ 或者 $T_{stay}=(t_2-b+\beta)-(t_1+a-\alpha)$，这些时间值更接近实际情况。

5.6.2 漏读数据填补方法

为设计一个高效的数据填补算法，本节将交流信息树和概率事件模型作为其依赖的基础。其好处是可以从逻辑层而不是数据层来填补数据，大大地减少了冗余数据。

本节给出一种单元事件动态概率自学习算法。该算法的输入为读写器间的交流信息流 I、滑动窗口初始大小 W，输出为单元事件的概率 P。首先，给变量 k、W_k 分别赋初值 1、W。其次对每一个时间间隔 k，处理第 k 个时间窗口。对于第 k 个时间窗口中的读写器间的交流信息流 I 中的每个电子标签 EPC_i，计算时间窗口 W_k 内单元事件 E_i 的发生率。如果前后两个窗口内单元事件 E_i 的发生概率不相等，将单元事件 E_i 在后一个时间窗口 W_k 内的发生概率赋值 P_{EPC}。最后，返回新的单元事件发生率。具体算法的伪代码见算法 5-2。

算法 5-2 单元事件动态概率自学习（Self-Learning of Probabilities for Cell Events，SLPCE）

Input：communication information streams I among readers，size of sliding window W

　　//输入：读写器间的交流信息流 I、滑动窗口初始大小 W

Output：probabilities of cell events P

　　//输出：单元事件的概率 P

1：$k \leftarrow 1$，$W_k \leftarrow W$ seconds；

　　//给变量 k、W_k 分别赋初值 1、W

2：*while*（getNextEpoch（k））*do*

　　//对每一个时间间隔 k

3：processWindow（W_k）；

　　//处理第 k 个时间窗口

续表

算法 5-2　单元事件动态概率自学习（Self-Learning of Probabilities for Cell Events，SLPCE）

4：*for*（all *EPC* in *I*）*do*

　　//对于读写器间的交流信息流 *I* 中的每个电子标签 EPC_i

5：$P_{EPC}（E_i, W_k）\leftarrow count（E_i, W_k）/count（U, W_k）$；

　　//计算时间窗口 W_k 内单元事件 E_i 的发生率

6：*if*（$P_{EPC}（E_i, W_k）\neq P_{EPC}（E_i, W_{k-1}）$）*then*

　　//如果前后两个窗口内单元事件 E_i 的发生概率不相等

7：$P_{EPC}\leftarrow P_{EPC}（E_i, W_k）$；

　　//将单元事件 E_i 在后一个时间窗口 W_k 内的发生概率赋值 P_{EPC}

8：*end if*

9：*end for*

10：*k++*；

　　//k 自加 1

11：*return* $P\leftarrow P_{EPC}$；

　　//返回新的单元事件发生率

12：*end while*

　　接下来，举例说明单元事件动态概率自学习算法（SLPCE）。例如，在图 5-1（b）中，在时间段 W_k 内有 20 个单元事件，其中 6 个经过单元 C_1、C_3 进入单元 C_4，利用式（5-1）可以计算出到达单元 C_4 的概率为 0.3。由于旧的单元事件发生率为 0.2，因此，及时地将其修改为 0.3。

　　基于动态概率单元事件模型，本节提出一种主动的数据填补方法，即 Top-k 概率数据填补算法。该算法的输入为源 RFID 数据流 D_{raw}、单元事件概率 P、滑动窗口初始大小 W，输出为填补数据流 D_{inter}。首先，给变量 k、W_k 分别赋初值 1、W。其次，对每一个时间间隔 k，处理第 k 个时间窗口。对于源 RFID 数据流 D_{raw} 中的每个电子标签 EPC_i，如果探测到数据丢失为真，将发生概率较大的 k 个事件填补进窗口 W_k。最后，返回填补过的数据。具体算法的伪代码见算法 5-3。

算法 5-3　Top-k 概率数据填补算法（Top-k Probabilistic Data Interpolating，Top-kPDI）

Input：raw RFID data streams D_{raw}，probabilities of cell events P，size of sliding window W

　//输入：源 RFID 数据流 D_{raw}、单元事件概率 P、滑动窗口初始大小 W

Output：interpolating data streams D_{inter}

　//输出：填补数据流 D_{inter}

1：$k \leftarrow 1$，$W_k \leftarrow W$seconds；

　//给变量 k、W_k 分别赋初值 1、W

2：*while*（getNextEpoch（k））*do*

　//对每一个时间间隔 k

3：processWindow（W_k）；

　//处理第 k 个时间窗口

4：*for*（EPC_i in D_{raw}）*do*

　//对于源 RFID 数据流 D_{raw} 中的每个电子标签 EPC_i

5：*if*（missDetect（）==true）*then*

　//如果探测到数据丢失为真

6：interpolate E_k which is in the $CE_{Top\text{-}k}$（E_1，E_2，…，E_i，W_k）；

　//将发生概率较大的 k 个事件填补进窗口 W_k

7：*end if*

8：*end for*

9：k++；

　//k 自加 1

10：*return* D_{inter}；

　//将填补过的数据返回

11：*end while*

　　为了更容易理解算法 5-3，这里举例说明。例如，在时间段 W_k 中有两个单元事件 $E_1 = C_1C_3$、$E_2 = C_6$，但是单元 C_1、C_3 与单元 C_6 是不相邻的，必须将其连接起来才符合实际情况，因为标签是不可能越过中间单元而到达后续单元区域内的。然后，通过学习单元事件模型，知道 C_4 和 C_5 是两个概率最大的单元事件，因此，给出两个填补好的单元事件 $E_1C_4E_2$ 和 $E_1C_5E_2$ 作为结果。

　　然而，由算法 5-3 产生的结果并不确定，因此用户必须自己从中选择最好的一个结果。为了解决此问题，本节提出一种最大概率数据填补技术，详细情况见算法 5-4。该算法的输入为源 RFID 数据流 D_{raw}、单元事件概率 P、滑动窗口初始大小 W，输出为填补数据流 D_{inter}。首先，给变量 k、W_k 分别赋初值 1、W。其次，对每一个时间间隔 k，处理第 k 个时间窗口。对于源 RFID 数据流 D_{raw} 中的每个电子标签 EPC_i，如果探测到数据丢失为真，将发生概率较大的 1 个事件填补进窗口 W_k。最后，返回填补过的数据。具体算法的伪代码见算法 5-4。

算法 5-4　最大概率数据填补（Maximum Probabilistic Data Interpolating，M-PDI）

Input：raw RFID data streams D_{raw}，probabilities of cell events P，size of sliding window W

//输入：源 RFID 数据流 D_{raw}、单元事件概率 P、滑动窗口初始大小 W

Output：interpolating data streams D_{inter}

//输出：填补数据流 D_{inter}

1：$k \leftarrow 1$，$W_k \leftarrow W$ seconds；

//给变量 k、W_k 分别赋初值 1、W

2：*while*（getNextEpoch（k））*do*

//对每一个时间间隔 k

3：processWindow（W_k）；

//处理第 k 个时间窗口

4：*for*（EPC_i in D_{raw}）*do*

//对于源 RFID 数据流 D_{raw} 中的每个电子标签 EPC_i

5：*if*（*missDetect*（）==true）*then*

//如果探测到数据丢失为真

6：interpolate WTBX] E_k which is in the CE_{max}（E_1，E_2，$\cdots$，E_i，T）；

//将发生概率较大的 1 个事件填补进窗口 W_k

7：*end if*

8：*end for*

9：k++；

//k 自加 1

10：*return* D_{inter}；

//将填补过的数据返回

11：*end while*

为了更容易理解算法 5-4，这里举例说明。例如，在时间段 T 内有两个单元事件 $E_1 = C_1C_3$、$E_2 = C_6$，但是单元 C_1、C_3 与单元 C_6 是不相邻的，

必须将其连接起来才符合实际情况，因为标签是不可能越过中间单元而到达后续单元区域内的。然后，通过学习单元事件模型，知道 C_4 是其中概率最大的单元事件，因此，给出一个填补好的单元事件 $E_1C_4E_2$ 作为结果。

5.6.3 多读数据消除方法

在给定时间段 T 内，如果一个标签在多个单元内被探测到，称此种现象为积极读或者多读现象发生了。同时，在 RFID 读写器间的交流信息中，有两个或者多个 RFID 读写器确认标签 EPC 出现在其单元区域内。然而，同一个标签在不同的单元内停留的时间通常情况下是不一样的，一般是在哪个单元内停留时间越长，在哪个单元内的概率就越大，反之概率就越小。因此，利用标签在单元内的停留时间长短作为确定真实所处的单元区域的标准。

基于以上分析，本节提出一种新的多读数据的消除方法。该算法的输入为源 RFID 数据流 D_{raw}、记录 R（EPC，C，T_{stay}）、滑动窗口初始大小 W，输出为消除多读的数据流 D_{redu}。首先，给变量 k、W_k 分别赋初值 1、W。其次，对每一个时间间隔 k，处理第 k 个时间窗口。对于源 RFID 数据流 D_{raw} 中的每个电子标签 EPC_i。如果探测到数据多读为真，且标签 C_i 的停留时间大于 C_j 的停留时间，将单元 C_j 内的电子标签 EPC_i 的数据删除。最后，将消除多读的数据返回。具体算法的伪代码见算法 5-5。

算法 5-5　多读数据的消除方法（Positive Data Reducing，P-DR）

Input：raw RFID data streams D_{raw}，records R（EPC，C，T_{stay}），size of sliding window W

　//输入：源 RFID 数据流 D_{raw}、记录 R（EPC，C，T_{stay}）、滑动窗口初始大小 W

Output：positive reducing data streams D_{redu}

　//输出：消除多读的数据流 D_{redu}

1：$k \leftarrow 1$，$W_k \leftarrow W$ seconds；

　//给变量 k、W_k 分别赋初值 1、W

2：*while*（getNextEpoch（k））*do*

　//对每一个时间间隔 k

3：processWindow（W_k）；

　//处理第 k 个时间窗口

4：*for*（EPC_i in D_{raw}）*do*

　//对于源 RFID 数据流 D_{raw} 中的每个电子标签 EPC_i

续表

算法 5-5 多读数据的消除方法（Positive Data Reducing，P-DR）

5：**if**（*positiveDetect*（）==true）**then**

//如果探测到数据多读为真

6：**if**（$T_{stay\_Ci} > T_{stay\_Cj}$）**then**

//如果标签 C_i 的停留时间大于 C_j 的停留时间

7：delete the data of EPC_i from cell C_j；

//将单元 C_j 内的电子标签 EPC_i 的数据删除

8：**end if**

9：**end for**

10：$k++$；

//k 自加 1

11：**return** D_{redu}；

//将消除多读的数据返回

12：**end while**

为了更容易理解算法 5-5，这里举例说明。例如，在图 5-1（b）中，当一个佩戴有电子标签的人进入单元区域 C_1 且没有离开时，此标签同时被 R_1 和 R_2 两个读写器探测到，哪一个是正确的呢？比较停留时间，单元区域 C_1 内的停留时间为 $T_{stay\_C1} = 2s$，而在单元区域 C_2 内的停留时间为 $T_{stay\_C2} = 0.5s$，很明显停留时间长的为真正的区域，其读写器也就是真正应该探测到的接收器，因此要将 R_2 产生的有关此标签的数据删除。

5.7 实验评估

5.7.1 实验环境

硬件：

（1）奔腾双核 CPU，1.86GHz；

（2）内存 2GB，硬盘 160GB。

软件：

（1）Linux 系统，CentOS5.4 版本；

（2）Oracle11g 企业版；

（3）C++&PL/SQL 语言。

5.7.2 实验数据集

由于缺乏相应的硬件设备或者资金支持，现有的 RFID 数据清洗技术广泛采用模拟数据来做实验。因此，为了保证实验结果接近现实情况，本实验利用一个知名的模拟软件，即 Netlogo 系统，来产生模拟数据。首先，模拟一个博览会展馆，其中有 20 个展台，并且每个展台上都配备 1~4 个 RFID 读写器来探测感兴趣游客的数据。其次，实验产生 3 个模拟数据集，其描述如下：

数据集 1：由于刚开始布置展馆，所以只有一个展台，并且也只有一个 RFID 读写器部署在展台上。此外，有 300 多个游客到此展台来参观。

数据集 2：展馆中有 10 个展台，并且每个展台只部署有一个 RFID 读写器，每一个展台周围的噪声也不同，这是因为每个站台周围的物理环境有很大的不同。

数据集 3：所有 20 个展台都为游客开放，且每个展台安装有 2~4 个 RFID 读写器，因此，就有好几个读写器同时监测一个重叠的区域。

5.7.3 算法性能评估

5.7.3.1 评估标准

本实验从两个方面对提出的数据清洗算法进行评估：第一个是数据处理过后的精确度；第二个是冗余数据消除率。

定义 5-8 精确度：给定两个数据集，真实数据集 D_r 和清洗处理数据集 D_c。在一特定阶段 T，数据的精确度可以用式（5-4）来表示：

$$P_A(T) = (D_r(T) \cap D_c(T))/D_r(T) \tag{5-4}$$

定义 5-9 冗余数据消除率：给定两个数据集，真实数据集 D_r 和清洗处理数据集 D_c。在一特定阶段 T，数据的精确度可以用式（5-5）来表示：

$$P_{redu}(T) = (D_{raw} - D_{redu})/D_{raw} \qquad (5-5)$$

为了方便标记，将基于读写器交流信息的 RFID 数据清洗策略中的几种算法，如冗余数据消除算法、漏读数据填补算法、多读数据消除算法分别记为 D-DR，Top-kPDI、M-PDI，P-DR。注意漏读数据填补算法包括两种，分别为 Top-kPDI 和 M-PDI。

5.7.3.2　冗余数据消除算法性能评估

由于本章提出的方法是基于逻辑区域和数据流的，而不是源数据和存档数据，即现有的解决方案和本章提出的方法没有可比性，所以本实验只给出本章所提出方法的实验结果。

在本实验中，利用数据 1 作为实验对象。正如图 5-4 所示，其描述了300 个标签经过安装有 1 个 RFID 读写器的单元区域所产生的数据量，以及经过冗余数据消除算法处理过后的数据量。从图 5-4 中可以发现，源数据量增长的速度比较快，而经过冗余数据消除算法处理过后的数据量增长的速度却比较慢，其坡度几乎是一个水平线，但其中的一个共性是数据流都会随着停留时间的增长而增长。从图 5-5 中可以看出，冗余数据消除率在70% 以上，尤其是当停留时间过长时冗余数据消除率接近 90%。因此，冗余数据消除算法将大大削减系统为后续处理的而支出的系统资源。

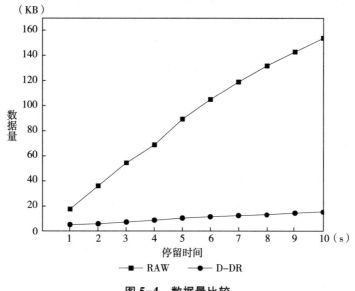

图 5-4　数据量比较

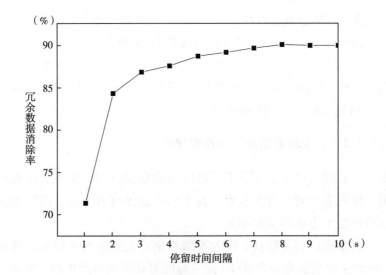

图 5-5　冗余数据消除技术的数据消除率

5.7.3.3　漏读数据填补算法性能评估

在本实验中，将利用数据集 2 来比较现有技术 ESP 和 SMURF 与本章所提出方法的精确性和实时性。

从图 5-6 中可以看出，当标签的漏读率小于 0.3 时，经过漏读数据填补算法 Top-kPDI 和 M-PDI 以及现有技术 ESP 和 SMURF 处理过后的数据的精确度都在 90% 以上。然而，随着标签漏读率的增长，本章所提出的算法 Top-kPDI 和 M-PDI 的性能明显要好于现有技术 ESP 和 SMURF。其原因是本章所提出的方法是基于更可信的读写器间的交流信息中自学而来的概率，且提升到逻辑区域而不是用数据层来填补漏读数据的。此外，由于 Top-kPDI 给出最高 k 个概率结果而不是最大的概率结果，所以 Top-kPDI 准确度要比 M-PDI 高。

而在图 5-7 中，本章提出方法（Top-kPDI、M-PDI）没有与现有技术 ESP 和 SMURF 进行比较，原因是现有技术 ESP 和 SMURF 没有考虑实时性因素且它们只在数据层上填补数据。与图 5-6 中结果正相反，M-PDI 实时性比 Top-kPDI 好，这是因为 M-PDI 考虑的因素比 Top-kPDI 要少。

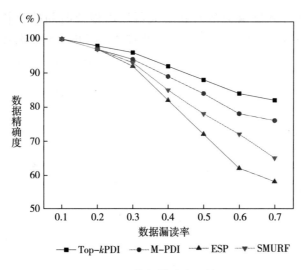

图 5-6　数据精确度比较

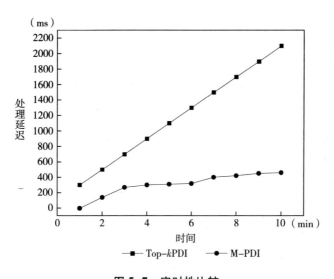

图 5-7　实时性比较

5.7.3.4　多读数据消除算法性能评估

在本实验中，利用数据集 3 作为实验对象。图 5-8 展示了 300 个标签经过分别装有 2、3、4 个 RFID 读写器的展台所产生的数据量，同时列出了经过多读数据消除算法（P-DR）处理过后的数据量的大小。

从图 5-8 中可以看出，数据量会随着 RFID 读写器数量的增加而成比例的增长，同时数据量会随着在单元区域内停留时间的延长而线性地增加。然而，经过多读数据消除算法（P-DR）处理过后，数据量都有很大程度上的减少。此外，在图 5-9 中，比较了 300 个标签经过分别装有 2、

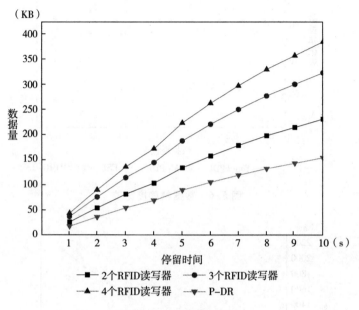

图 5-8　数据量的比较

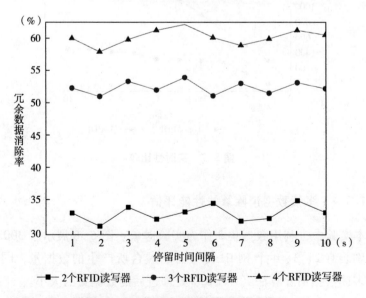

图 5-9　多读数据消除算法的数据消除率

3、4 个 RFID 读写器的展台所产生的数据经过读数据消除算法（P-DR）处理过后的减少率。同时，从图 5-9 中可以了解到随着部署于同一单元区域的读写器数量的增加，会有更多的多读数据出现。

5.8　小结

在本章中，笔者试图解决 RFID 数据流上的脏读数问题。首先，基于 RFID 读写器可以通过无线或有线网络进行实时通信的假设，设计了一种读写器通信协议。其次，提出了一个带有参数的单元事件序列树。在此基础上，提出了一种主动式的 RFID 数据清洗策略：冗余数据消除方法（D-DR）、漏读数据填补方法（Top-kPDI 和 M-PDI）、多读数据消除方法（P-DR）。最后，进行了大量的实验，通过对处理时间、数据精确度、冗余数据消除率的比较，可以清晰地看出本章所提出方法的可行性与有效性。该工作是第一次研究解决 RFID 数据清洗的读写器之间的通信信息，因此，该工作是对现有 RFID 数据清洗研究的有益补充。

第6章 RFID乱序事件流的高效处理策略

6.1 引言

最近，事件流上的复杂事件处理引起了人们的广泛关注（Wu E 等，2006；Chen Q 等，2008）。大多数系统（Wu E 等，2006），包括基于事件的系统和基于流的系统，都假定事件到达之间的总顺序。然而，乱序事件在实践中并不少见。例如，例6-1说明了一个分布式计算环境，由于网络延迟和可能的节点故障，事件序列可能在处理引擎处乱序到达。

例6-1：在联网 RFID 系统中，RFID 读取器 R_1 通过 Wi-Fi 网络将其事件流传输至事件处理系统（EPS），而读取器 R_2 通过无线网络传输，读取器 R_3 通过局域网传输（Liu M 等，2009）。

最近，一些乱序事件处理技术被提出来解决这个问题（Tucker P A 等，2003；Srivastava U 等，2004）。Tucker 等（2003）利用标点符号语义将无限流视为有限流的混合。Srivastava 和 Widom（2004）提出用心跳来处理不协调的流。Babu 等（2004）给出了一种称为 K-slack 的方法来处理乱序到达的事件。而 Li M 等（2007）、Liu M 等（2009）、Wei M 等（2009）提出了两种解决方案：激进策略和保守策略。然而，现有的乱序事件处理工作在处理来自异构网络的事件流时变得无效。此外，它们忽略了事件的延迟距离，这对于解决问题非常有用。Jiang（2002）提出了一种高效的缓冲区缓存替换策略 LIRS，该策略利用块的两个连续引用之间的距离。类似地，笔者探索事件的延迟距离，即在源处生成和到达事件处理引擎的时间之间的间隔，以处理乱序事件。与以往的方法相比，本章的主要贡献如下：

（1）利用事件的延迟距离和云平台上的内存来处理乱序事件。

（2）提出了一种网络延迟预测模型和基于延迟距离的事件处理方法。

（3）提出了一种内存补充策略，用于纠正早期产生的错误模式匹配。

（4）在合成数据（Jiang T 等，2011）和真实数据①上评估了所提出方法的性能。

本章的其余部分结构如下：第 6.2 节，回顾乱序事件处理的相关工作；第 6.3 节，将问题形式化；第 6.4 节，提出基于延迟距离的乱序流处理方法；第 6.5 节，介绍内存补充策略；第 6.6 节，报告大量的实验和评估；第 6.7 节，对本章进行总结。

6.2　相关工作

国内外学者们已经提出了许多乱序事件处理技术来解决乱序到达的问题（Tucker P A 等，2003；Srivastava U 等，2004）。对于长数据流或无限数据流，无界运算符保持状态，大小没有上限，因此内存不足。阻塞运算符在发出单个输出之前读取整个输入，因此可能永远不会产生结果。Tucker 等（2003）认为，数据流的先验知识可以允许在某些情况下使用此类运算符。他们利用标点符号语义将无限流视为有限流的混合。这种技术要求某些服务首先创建并适当插入断言，这是一项复杂的工作。Srivastava 和 Widom（2004）提出用心跳来处理不协调的流。他们关注的是当信号源不提供任何信息时如何产生心跳。然而，如何在乱序事件流处理中利用心跳并没有讨论。Babu 等（2004）提出了一种处理乱序事件到达的方法，称为 K-slack，将到达的数据缓冲为 K 个时间单位。K-slack 的最大缺点是 K 的刚性，不能适应网络延迟的变化。例如，K 的一个合理设置可以是网络中平均延迟的最大值。然而，随着平均延迟的改变，K 可能变得太大或太小。因此，它要么导致不必要的低效和延迟，要么变得不充分。Li M 等

---

① 2008 年 7 月 18 日至 20 日举行的第七届 HOPE（地球上的黑客）会议上收集的 RFID 跟踪数据，参见 https：//crawdad. org/hope/and/20080807。

(2007)、Liu M 等（2009）、Wei M 等（2009）提供了乱序数据处理的三个正确性标准，考虑了延迟、输出顺序和结果正确性。他们提出了两种解决方案：分别采用积极策略和保守策略来处理乱序事件流上的序列模式查询。Zhou 和 Meng（2010）观察到，许多实际应用程序中的事件都有持续时间，这些事件之间的关系往往很复杂。因此，他们提出了一种混合解决方案来解决这个问题。然而，现有的方法在异构网络中是无效的。为了放松模式检测模型中有序输入的限制，Chandramouli 等（2010）提出了一种乱序流上的动态模式匹配方法，该方法支持乱序输入的本地处理、流修订、动态模式和若干优化。此外，Chandramouli 等（2011）利用分布式事件处理系统中的延迟估计，Jiang 等（2002）利用块的两个连续引用之间的延迟距离来解决缓冲缓存替换问题。基于此，笔者探讨了解决异构网络中乱序流的延迟距离，并给出了一种自适应处理策略。

6.3 基础知识

6.3.1 符号和定义

在本节中，笔者将介绍一些概念。使用大写字母（如 A）和小写字母（如 a）分别表示事件类型和事件实例。每个事件实例有两个属性，一个发生时间戳 $*.ts$ 和一个到达时间戳 $*.ats$，其中 $*$ 表示任意事件实例。此外，使用 S 或 S_i 表示下面定义的流。

定义 6-1 单事件流：如果一个流只包含一种类型的事件，称之为单事件流（也称为事件流），由 $S_i(e_{i1}, e_{i2}, \cdots, e_{in})$ 表示。

定义 6-2 混合事件流：如果一个流由多个单事件流组成，称之为混合事件流，由 $S(S_1, S_2, \cdots, S_m)$ 表示。

定义 6-3 有序流：考虑事件流 $S_i(e_{i1}, e_i, \cdots, e_{in})$，称 S_i 是有序流，当且仅当①$e_{ij}.ts < e_{ik}.ts$，②$e_{ij}.ats < e_{ik}.ats$。

定义 6-4 乱序流：考虑事件流 $S_i(e_{i1}, e_{i2}, \cdots, e_{in})$，称 S_i 是乱序流，当且仅当①$e_{ij}.ts < e_{ik}.ts$，②$e_{ij}.ats > e_{ik}.ats$。

定义 6-5　错过匹配事件：考虑时间窗口 W_i 中的混合流 S（S_1，S_2，$\cdots$，S_m），其中，S_i 是 S_i（e_{i1}，e_{i2}，$\cdots$，e_{in}），如果 e_{ij} 不与其余流 S_k（$k \neq i$）中的事件相匹配，说 e_{ij} 是一个错过匹配事件。

定义 6-6　延迟距离：延迟距离（Latency Distance，LD）定义为时间窗口 W_i 中所有乱序事件或错过匹配事件 e_{ij} 的到达时间 $e_{ij}.ats$ 和发生时间 $e_{ij}.ts$ 之间的平均差值，由式（6-1）表示：

$$LD_{W_i} = \frac{1}{\sum_{i \in m} n'_i} \sum_{i \in m} \sum_{j \in n} e_{ij}.ats - e_{ij}.ts(n'_i \in n) \tag{6-1}$$

其中，m 表示数据流的数量，n 表示数据流中的事件数量。此外，n'_i 是流 i 中乱序和错过匹配事件的数量。

定义 6-7　模式匹配计划：考虑混合事件流 S（S_1，S_2，$\cdots$，S_m），要检查它是否有阳性和阴性事件类型，例如 SEQ（S,! C，E），如例 6-2 所示，其中 S 和 E 为阳性事件，! C 为阴性事件，$S.ts < C.ts < E.ts$。我们说 SEQ（S,! C，E）是一个模式匹配计划。

例 6-2：在物流配送中，工人将一些家具送到海关。一套家具由三个子部分组成，即 S、C 和 E。当它们被运送到卡车上时，应满足以下要求（S、C、E）。此外，事件通过例 6-1 中描述的网络传输到 EPS。然后，将大规模事件发送到云以确保结果，这就像足球比赛视频的重播一样。使用流再处理的其他场景包括：智能超市、医院外科手术等。

定义 6-8　时间标记：对于任何类型的事件，将 e_{ij} 的清除时间表示为时间标记，用 TM（e_{ij}）表示。e_{ij} 的时间标记是发生时间 $e_{ij}.ts$、时间窗口的大小 | W_i | 和延迟距离 LD 之和，由式（6-2）表示：

$$TM(e_{ij}) = LD_{W_i} + | W_i | + e_{ij}.ts \tag{6-2}$$

6.3.2　网络延迟预测模型

直观地说，由于网络延迟是一条平滑的曲线，即下一次的延迟接近前一次的延迟，可以使用前面时间的延迟来预测下一次的延迟。然而，在异构网络中，一个事件的延迟太随意，无法信任。因此，使用前一个时间间隔中事件的延迟来预测下一个时间间隔中的事件的延迟时间，这是一条更平滑的曲线。

网络延迟预测模型：考虑混合事件流 S (S_1, S_2, …, S_m)，混合事件流 S (S_1, S_2, …, S_m) 在窗口 W_i 中的未来事件流 $S^{(i)}(S_1^{(i)}, S_2^{(i)}, …, S_m^{(i)})$ 的网络延迟时间更接近于混合事件流 S (S_1, S_2, …, S_m) 在窗口 W_{i-1} 中的过去事件流 $S^{(i-1)}(S_1^{(i-1)}, S_2^{(i-1)}, …, S_m^{(i-1)})$ 的网络延迟时间，但未来事件流与非常早的过去事件流之间没有相关性。模型由式（6-3）表示：

$$LD(S^{(i)}(S_1^{(i)}, S_2^{(i)}, …, S_m^{(i)}) \mid S(S_1, S_2, …, S_m)) = LD(S^{(i)}(S_1^{(i)}, S_2^{(i)}, …, S_m^{(i)}) \mid S^{(i-1)}(S_1^{(i-1)}, S_2^{(i-1)}, …, S_m^{(i-1)})) \tag{6-3}$$

第 6.4 节中图 6-1 和图 6-2 所示的示例证明了模型的正确性，即 W_1、W_2 和 W_3 中的延迟分别为 4、4 和 5。

定理 6-1：对于乱序事件流 S 上的任何模式匹配计划 p、每个预测延迟 l 和每个真实延迟 $\tilde{l}$，每个预测延迟 l 都有一个接近真实延迟 $\tilde{l}$ 的预测精度概率 P，该概率满足：

$$P(\mid l - \tilde{l} \mid < \varepsilon) \geq 1 - \frac{\delta^2}{\varepsilon^2} \tag{6-4}$$

其中，δ^2 是与真实延迟 l 的偏差，ε 是一个实数。

证明：设 $f(l)$ 表示延迟距离 LD 的概率分布函数。那么，$\delta^2 = E[(l-\tilde{l})^2] = \sum_{x \in R}(l-\tilde{l})^2 f(x)$。$\mid l-\tilde{l} \mid \geq \varepsilon$ 表示 l 不在区间 $(\tilde{l}-\varepsilon, \tilde{l}+\varepsilon)$，因此，$P(\mid l-\tilde{l}\mid \geq \varepsilon) = \int f(x) dx$。因为它在上述积分中满足 $\frac{(\tilde{l}-l)^2}{\varepsilon^2} \geq 1$，所以得到了结果 $P(\mid l-\tilde{l}\mid \geq \varepsilon) \leq \int_{\mid x - \tilde{l}\mid \geq \varepsilon}\frac{(l-\tilde{l})^2}{\varepsilon^2}f(x)dx \leq \frac{1}{\varepsilon^2}\int_{-\infty}^{+\infty}(l-\tilde{l})^2 f(x)dx = \frac{\delta^2}{\varepsilon^2}$。然后，使用相反事件的概率方程，它有 $P(\mid l-\tilde{l}\mid < \varepsilon) \geq 1 - P(\mid l-\tilde{l}\mid \geq \varepsilon) = 1 - \delta^2/\varepsilon^2$。因此，得到了结果 $P(\mid l-\tilde{l}\mid < \varepsilon) \geq 1 - \delta^2/\varepsilon^2$。

6.4 基于延迟距离的乱序流处理方法

当服务器获取流时，首先检查乱序和未匹配的事件，其次在第一步的基础上，利用式（6-1）计算延迟距离，若该事件为错过匹配的事件或新到达的事件，则使用式（6-2）计算其时间标记。此外，对于匹配的事件，它被分配有其匹配事件的最小时间标记。然后，检查每个事件的时间标记是否大于时钟时间。如果每个事件都满足，它将处理模式匹配计划；否则，它将从内存中清除该事件。最后，它返回匹配结果。有关该方法的更多详细信息，请参考算法 6-1。

算法 6-1　基于延迟距离的乱序流处理方法（Latency Distance-based Out-of-Order Processing, LDOP）

Input：（1）Pattern matching plan SEQ（E_1, E_2, …,! E_i, …, E_n）；（2）S（S_1, S_2, …, S_m）

　　//输入：模式匹配计划 SEQ（E_1, E_2, …,! E_i, …, E_n）、混合流 S（S_1, S_2, …, S_m）

Output：Pattern matching results

　　// 输出：模式匹配结果

1：*while*（get next epoch）*do*

　　// 对每一个时间间隔 k

2：*for*（all the disordered and missed match events in W_i）*do*

　　// 对于时间窗口 W_i 内所有乱序和错过匹配的事件

3：calculate the *latency distance* of events with equation（6-1）；

　　//利用式（6-1）计算所有事件的延迟距离

4：*if*（e_{ij} is missed match event or newly arrived event）*then*

　　//如果 e_{ij} 是错过匹配的事件或者新到达的事件

5：calculate the *Timemark* of e_{ij} with equation（6-2）；

　　//利用式（6-2）计算事件 e_{ij} 的时间标记

6：*else if*（e_{ij} is matched event）*then* TM（e_{ij}）←smallest TM of its matched event；

　　// 如果 e_{ij} 是匹配的事件，将其匹配事件中最小事件的时间标记赋值给匹配事件的时间标记

7：*end if*

8：*end if*

9：*if*（*Timemark* of e_{ij}> the clock time）*then* process pattern matching plan；

　　//如果 e_{ij} 的时间标记大于时钟时间，处理匹配事件计划

10：*else if*（*Timemark* of e_{ij}<= the clock time）*then* purge e_{ij}；*end if*

　　//如果 e_{ij} 的时间标记不大于时钟时间，清除事件 e_{ij}

11：*return* pattern matching results；

　　//返回模式匹配结果

为了更好地理解算法 6-1，笔者给出了一个例子。在图 6-1 中，存在混合乱序事件流 S $(S_1、S_2、S_3)$，其中 $S_1、S_2$ 和 S_3 分别是 S_1 $(s_1、s_3、s_5、s_4、s_2、s_6)$、$S_2$ $(c_3、c_7、c_5、c_4、c_{10})$ 和 S_3 $(e_5、e_8、e_7、e_6)$。每个事件实例中的下标表示发生时间，如 c_5 的发生时间为 5。图 6-1 底部的数字为到达时间。在图 6-1（a）中，s_1 在时间 3 到达，s_3 和 c_3 在时间 5 到达，$s_5、c_7$ 和 e_5 在时间 8 到达等。在图 6-1（b）中，笔者使用滑动时间窗口收集事件。在时间窗口 W_1 中，有 9 个事件，分别是 $s_1、s_3、s_5、s_4、c_3、c_7、c_5、e_5、e_8$；在时间窗口 W_2 中有 12 个事件，分别是 $s_2、c_4、e_7$ 和 W_1 中的事件；在时间窗口 W_3 中有 12 个事件，分别是 $s_6、c_{10}、e_6$ 和 W_2 中除 $s_1、c_3、e_5$ 之外的事件。需要注意的是，后一个窗口中的事件数量可能等于或小于/大于前一个窗口，因为事件的时间标记差值不相等。关于乱序事件处理的细节如图 6-2 所示。此外，图 6-1 和图 6-2 中使用的模式匹配计划为 SEQ (S, C, E)。

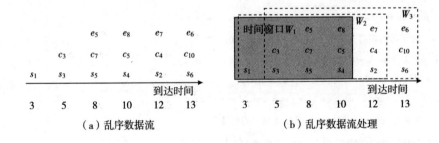

（a）乱序数据流 （b）乱序数据流处理

图 6-1 乱序流的图示

在图 6-2（a）中，匹配的事件是 $s_1、c_3、e_5$ 和 $s_3、c_5、e_8$。乱序事件为 $s_5、c_7$，错过匹配的事件为 $s_5、s_4、c_7$。基于这两种事件，计算了延迟距离，时间窗口 W_1 的延迟距离为 4 $(LD=(s_5.ats-s_5.ts+c_7.ats-c_7.ts+s_4.ats-s_4.ts)/3=(8-5+8-7+10-4)/3=4$，实际值为 3.3，为了方便起见，得到了该值的上限，因此延迟距离为 4）。时间窗口 W_1 的大小为 8。因此，s_1 的时间标记为 13 $(TM(s_1)=s_1.ts+|W_1|+LD=1+8+4=13)$。类似地，事件 $s_3、s_5、s_4、c_3、c_7、c_5、e_5$ 和 e_8 的时间标记分别为 15、17、16、15、19、17、17 和 20。由于 $s_1、c_3、e_5$ 和 $s_3、c_5、e_8$ 是匹配的事件，因此笔者将 $c_3、e_5$ 的时间标记更改为 13，并将 $c_5、e_8$ 的时间标记更改为 15，它们都

写在括号中。上述信息写入图 6-2（b）。

在图 6-2（c）中，乱序事件和错过匹配的事件为 s_5、c_7 和 s_4。基于这些事件，笔者得到它们的延迟距离 LD，其值为 4。W_2 的大小为 10。此外，s_5、c_7、s_4、s_2、c_4 和 e_7 的时间标记分别为 19、21、18、16、18 和 21。由于 s_2、c_4、e_7 是匹配事件，因此笔者将 c_4、e_7 的时间标记更改为 16，并将其写入括号中。上述信息写入图 6-2（d）。

在图 6-2（e）中，由于匹配事件 s_1、c_3、e_5 的时间标记与时钟时间相等，因此笔者从时间窗口和内存中清除它们。此外，乱序事件和错过匹配的事件为 s_5、s_6 和 c_{10}。根据这些事件，笔者得到它们的延迟距离 LD，其值为 5。W_3 的大小为 9。此外，s_5、s_6、c_{10} 和 e_6 的时间标记为 19、20、24 和 20。由于 s_2、c_4、e_6、s_3、c_5、e_7 和 s_4、c_7、e_8 是新匹配的事件，因此笔者将 c_4、e_6 的时间标记更改为 16，将 c_5、e_7 的时间标记更改为 15，并将 c_7、e_8 的时间标记更改为 18。上述信息写入图 6-2（f）。

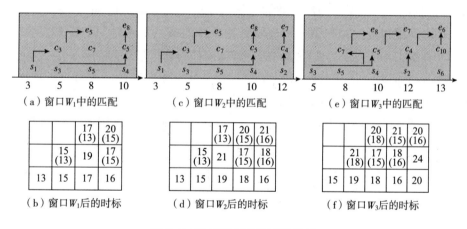

图 6-2　乱序数据流处理的图示

注意，笔者将时间标记写成黑色的数字。如果时间标记的值与前一个值不同，则修改时间标记。例如，时间窗口 W_2 中 c_7 的时间标记从 W_1 中的 19 更改为 21。

为了减少事件序列的排序时间或堆栈的构建时间（Li M 等，2007；Liu M 等，2009；Wei M 等，2009），笔者利用链表保存匹配的事件和事件序列。链表节点的结构是<指针域，数据域 {事件元组 [事件类型，发生时间，到达时间]，事件标记} >。例如，W_3 中的匹配事件 s_2、c_4、e_6 可以以$<P_{c4}$, ｛［s, 2, 12］, 16｝$>$, $<P_{e6}$, ｛［c, 4, 12］, 18（16）｝$>$ and$<null$, ｛［e, 6, 13］, 20（16）｝$>$的形式写入。

6.5　内存补充策略

6.5.1　基于云平台的内存补充策略

为了扩展内存，笔者使用云平台。此外，笔者使用一个节点作为服务器（主节点），许多其他节点作为从节点，如图6-3所示。首先，当新的流到达云平台的主节点时，主节点将流发送到一个从节点，并在主节点上保存日志，其结构为$<$从节点 ID，事件类型$<$最小时间戳，最大时间戳$>>$，其中，最小时间戳和最大时间戳分别表示到达事件的最小发生时间和最大发生时间。其次，从节点上的流随着时间的增加向前移动，形式为$<Slave\ ID$, $Event\ streams>$。同时，从节点将每个事件类型的时间范围发送回主节点。再次，当添加新事件流后从节点的内存超过最大阈值 $MaxMemory$ 时，主节点会添加一个从节点来处理新来的流。最后，当从节点上的数据停留时间超过最大阈值 $MaxTime$ 时，从节点将数据保存在磁盘上并从内存中清除。

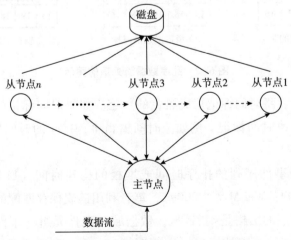

图 6-3　基于云平台的内存补充方法示意图

前文提到的信息在图 6-3 中有所展示，其中━━→表示新到达流的方向、←━━→表示主节点和从节点之间的通信、━→表示从节点之间的数据传递方向、→表示从节点将数据保存在磁盘上。注意，每个从节点都可以与任何其他从节点通信。

笔者使用例 6-2 来描述有关主节点和从节点之间的数据分布和消息传递的详细信息。在初始阶段，笔者假设有 3 个从节点，主节点仅根据到达时间将事件分配给从节点，从节点 1 上事件类型 S 的时间范围为 ［1，10］，从节点 2 上事件类型 S 的时间范围为 ［5，［11，20］］（时间范围为 11 到 20，然后添加时间点 5），从节点 3 上事件类型 S 的时间范围为 ［12，［21，30］］。为了成为有序事件流，从节点 1、节点 2 和节点 3 将事件的时间范围传递给服务器，然后服务器分析消息，并使从节点 2、节点 3 分别将时间点 5 和时间点 12 上的事件发送给从节点 1、节点 2。如果从节点内存超过 *MaxMemory*，服务器会增加一个从节点 4 来处理新到的数据；此外，从节点 4 将其时间范围发送给服务器。如果存储器未超过阈值，则从节点 1 接收 s_5。由于从节点 1 上的时间范围不变，因此从节点 1 不会向服务器发送新的时间范围。类似地，从节点 2 接收 s_{12} 并将其时间范围更新为 ［11，20］，进而向主节点发送新的时间范围。从节点向服务器发送新的时间范围 ［21，30］。*MaxTime* 为 60 秒，可以保证事件与正确的事件匹配。当每个事件的停留时间超过 *MaxTime* 时，从节点将从内存中清除该事件并将其保存在磁盘上。

6.5.2　基于云平台的内存补充算法

基于云平台的内存补充算法，见算法 6-2，有两个过程：一个在主节点上运行；另一个在从节点上运行。①对于前一个过程，在第 2~3 行中，首先添加每个事件的停留时间。然后，检查每个事件在从节点服务器上的停留时间是否超过最大停留时间阈值 MaxTime。如果满足，他将从内存中清除该事件，并将其与模式匹配事件一起保存在磁盘上。在第 4~8 行中，检查发送数据的从节点。同时，检查从节点的内存是否超过内存阈值 *MaxMemory*。如果没有，则将数据发送到从节点，并更改从节点上事件流的时间范围。否则，将添加一个新的从节点，并将其指定给从节点编号为 *ID*+1 的从节点。此外，将数据发送到新的从节点，并记录新从节点的时间范围。②对于后一个过程，在第 12~节点 17 行中，检查内存是否超过内存阈值 *MaxMemory*。如果是这样，将向主节点发送消息"添加从节点"。当一个从节点上的事件将发送到另一个从节点上时，首先发送该事件，然后从内存中清除该事件。此外，如果时间范围更改，会将消息发送到主节点。如果不超过内存阈值 *MaxMemory*，将更改时间范围并将消息发送到主节点。同时，对模式匹配方案进行处理。

算法 6-2   基于云平台的内存补充算法（Cloud Platform-based Memory Supplement，CPMS）

Input：（1）Pattern matching plan *SEQ*（E_1，E_2，$\cdots$，！E_i，$\cdots$，E_n）；（2）Newly arrived event e_{ij}

//输入：模式匹配计划 *SEQ*（E_1，E_2，$\cdots$，！E_i，$\cdots$，E_n）、新到达事件 e_{ij}

Output：Pattern matching results

//输出：模式匹配结果

Procedure running on Server：

// 运行在主节点上的过程

1：*while*（get next epoch）*do*

//对每一个时间间隔 *k*

2：*for*（each event e_{ij} in W_i）*do* increase $e_{ij}.T_{stay}$（the staying time of e_{ij} on Slaves）；

//对时间窗口 W_i 中的每个事件 e_{ij}，增加其停留时间

3：*if*（$e_{ij}.T_{stay}$ >= *MaxTime*）*then* save e_{ij} & its pattern matching events on disk；

//如果 e_{ij} 的停留时间超过最大停留时间 *MaxTime*，将 e_{ij} 及其匹配事件保存到磁盘上

4：*if*（$e_{ij}.ts$ is in the <*Slave ID*$_k$，E_j [T_{min}，T_{max}] > and memory of *Slave ID*$_k$ does not exceed *MaxMemory*）*then*

//如果 e_{ij} 处于时间范围 [T_{min}，T_{max}] 内，且内存未超过内存阈值 *MaxMemory*

5：send e_{ij} to *Slave ID*$_k$；change time range of *Slave ID*$_k$；

//将数据发送到从节点 ID_k，并更改从节点上事件流的时间范围

6：*else if*（memory of a Slave exceeds *MaxMemory*）*then*

//如果从节点上内存超过内存阈值 *MaxMemory*

7：add a new Slave；assign it as the *Slave ID*$_{last+1}$；

//添加一个新的从节点，并将该从节点编号指定为 ID+1

8：send e_{ij} to *Slave ID*$_{last+1}$；record the time range of *Slave ID*$_{last+1}$；

//将事件 e_{ij} 发送到新的从节点，并记录新从节点的时间范围

9：*return* pattern matching results getting from Slaves；

//返回所有从节点上的模式匹配结果

Procedure running on Slaves：

//运行在从节点上的过程

算法 6-2　基于云平台的内存补充算法（Cloud Platform-based Memory Supplement，CPMS）

10：*while*（get next epoch）*do*

　//对每一个时间间隔 k

11：*for*（each event e_{ij} in window W_i）*do*

　//对时间窗口 W_i 中的每个事件 e_{ij}

12：*if*（the memory exceeds *MaxMemory*）*then* send "add a Slave" to Server；

　//如果超过内存阈值 *MaxMemory*，从节点发送"增加从节点"给主节点

13：*else if*（each event e_{ij} will send to *Slave ID$_k$*）*then*

　//如果事件 e_{ij} 将从某个从节点发送到其他从节点 *ID$_k$*

14：send events e_{ij} to *Slave ID$_k$*；purge event e_{ij}；

　//发送该事件，从内存中清除该事件

15：change time range；send message about time range to Server；

　//更改时间范围，并将消息发送到主节点

16：*else* change the time range of e_{ij}；send message about time range to Server；

　//如果未超过内存阈值 *MaxMemory*，更改时间范围并将消息发送到主节点

17：process Pattern Matching Plan；

　//处理模式匹配计划

18：*return* pattern matching results；

　//返回模式匹配结果

6.6　实验评估

　　实验在一个配置为奔腾（R）双 CPU 1.86GHz、2GB 内存的 PC 机上进行，程序用 Java 实现。在评估基于延迟距离的乱序流处理算法（Latency Distance-based Out-of-order Processing，LDOP）评估的实验中，一台 PC 生成事件流并发送给第二台 PC，即模式匹配引擎。笔者开发了一个可以配置的事件生成器，该生成器可以生成某些类型的事件。此外，笔者还可以设置乱序事件的百分比。在笔者的实验中，有 10 种不同的事件类型的流，事件类型用 A 到 J 的大写字母表示。在基于云平台的内存补充算法（Cloud Platform-based Memory Supplement，CPMS）评估的实验中，一台 PC 将第一步产

生的事件流发送给其他 PC，即主节点将数据发送给从节点。

6.6.1　评估标准

定义 6-9　准确率：对于两个给定数据集，有序事件流上的模式匹配结果集 D_{io} 和乱序事件流上的模式匹配结果集 D_{oo}，准确率由式（6-5）表示：

$$P_A = \frac{|D_{oo} \cap D_{io}|}{|D_{io}|} \tag{6-5}$$

定义 6-10　平均应用延迟：平均应用延迟（Average application latency，AAL）是模式匹配事件的输出时间 T_{out} 与组成模式匹配结果的事件实例的最大到达时间（$\max(e_{ij}.ats)$）之间的平均时间差。平均应用程序延迟由式（6-6）表示，其中 n 是匹配模式的数量（Liu M 等，2009）：

$$AAL = \sum \frac{(T_{out} - \max(e_{ij}.ats))}{n} \tag{6-6}$$

6.6.2　方法评估

6.6.2.1　基于延迟距离的乱序流处理算法 LDOP 的实验评估

不同乱序事件比例下的平均应用延迟（*AAL*）：阳性/阴性事件的乱序百分比是到目前为止收到的阳性/阴性事件数量与到目前为止收到的总事件数量之间的比率。窗口大小为 10 个时间单位，乱序事件的最大延迟为 20 个时间单位。K-slack 中的参数 K 为 10。笔者还将模式匹配计划的长度从 3 更改为 7（即 *SEQ*（A，B，! C，D）至 *SEQ*（A，B，! C，D，E，F，G，H））。笔者观察到 *AAL* 随着计划长度的增加而增加，因此只给出了长度 5 的结果。在图 6-4（a）中，可以看到，正如预期的那样，乱序阳性事件百分比的增加不会对不同方法的平均应用延迟 *AAL* 产生很大影响。因为主动型方法输出结果很快，并且 K-slack 的 K 是常数，所以它们的 *AAL* 几乎是水平线。然而，保守型方法只有在其正确性得到保证的情况下才会产生输出，因此它会消耗更多的时间。LDOP 利用平均延迟距离，因此其 *AAL* 不是很大。在图 6-4（b）中，可观察到，除了 K-slack 之外，其他的 *AAL* 随着乱序阴性事件实例的百分比提升而增加。这是因为更多乱序的阴性事件将导致更多的重新计算。在上述测试中，K-slack 的 *AAL* 小于 LDOP，为什么它们的处理时间相反？这是因为 LDOP 利用链表记录数据，因此事件的排序时间更短。

不同乱序事件比例下的处理时间：实验配置与上述实验相似。此外，笔者只给出了长度 5 的结果。在图 6-5 中可以看到，正如预期的那样，乱序阳性/阴性事件百分比的增加确实极大地影响了除主动型方法之外的其他方法的处理时间，因为更多的乱序阳性/阴性事件将导致更多的重新计算。相比之下，主动型方法输出结果很快，所以它的处理时间很短。由于保守型方法需要保证输出的正确性，因此需要花费更多的时间。

不同乱序事件比例下的准确率：实验配置与上述实验相似。此外，笔者只给出长度 5 的结果。在图 6-6 中可以看到，乱序阳性/阴性事件百分比的提升会影响不同方法的准确率，因为更多的乱序阳性/阴性事件将导致更多的错误匹配事件。从图 6-6（a）和图 6-6（b）中观察到，保守型方法和 LDOP 的性能优于其他两种方法。众所周知，保守型方法在保证输出准确率方面花费了更多的时间，并且 LDOP 的延迟时间比其他两种方法要长。这是因为消极事件类型比积极事件类型的影响更大。乱序百分比较大时，显然会表现出更好的性能。在图 6-6（b）中，所有方法的准确率都比图 6-6（a）中的结果相对较小。这是因为阴性事件类型比阳性事件类型的影响更大。

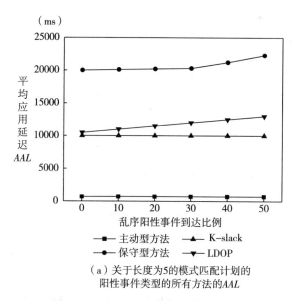

（a）关于长度为5的模式匹配计划的
阳性事件类型的所有方法的*AAL*

图 6-4　不同乱序事件百分比情况下的平均应用程序延迟 *AAL*

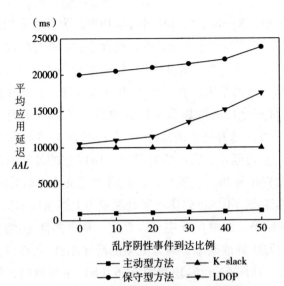

（b）关于长度为5的模式匹配计划的
阴性事件类型的所有方法的*AAL*

图 6-4　不同乱序事件百分比情况下的平均应用程序延迟 *AAL*（续）

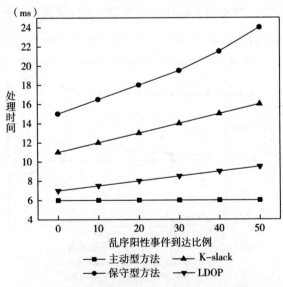

（a）长度为5的模式匹配计划阳性事件类型处理时间

图 6-5　不同乱序事件百分比情况下的处理时间

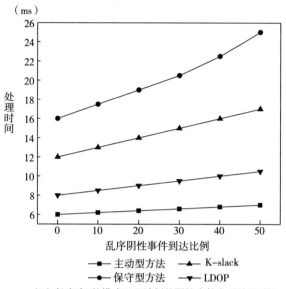

（b）长度为5的模式匹配计划的阴性事件类型处理时间

图 6-5　不同乱序事件百分比情况下的处理时间（续）

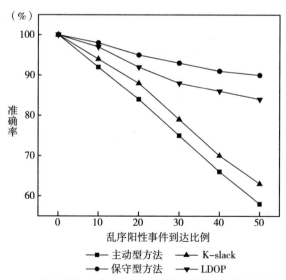

（a）长度为5的模式匹配计划阳性事件类型结果的准确率

图 6-6　不同乱序事件百分比情况下的处理结果准确率

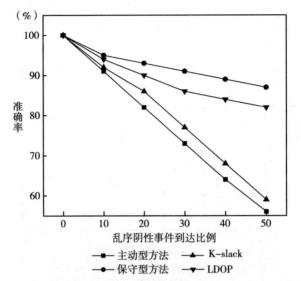

（b）长度为5的模式匹配计划的阴性事件类型结果的准确率

图 6-6 不同乱序事件百分比情况下的处理结果准确率（续）

6.6.2.2 基于云平台的内存补充算法 CPMS 的实验评估

在本实验中，笔者使用真实数据[①]评估了 CPMS 方法的吞吐量和平均应用延迟。图 6-7（a）显示了 CPMS 每秒的元组吞吐量。在初始阶段，输出要小得多。这是因为处理能力要弱得多。在中间阶段，随着并发从节点数量的增加，吞吐量急剧增加。在最后阶段，由于并发从节点的数量太多，并且从节点和主节点之间的通信更加频繁，吞吐量的增加缓慢。在图 6-7（b）中，笔者评估了所提出的方法 CPMS 的平均应用延迟。当乱序事件的百分比小时，平均应用程序延迟时间很短。然而，随着乱序事件百分比的得升，平均应用程序延迟时间会急剧增长。这是因为处理器应该等待很长时间，并花费更多时间对事件序列进行排序。同时，主节点和从节点服务器将花费更多的时间进行通信。

---

① 2008 年 7 月 18 日至 20 日举行的第七届 HOPE（地球上的黑客）会议上收集的 RFID 跟踪数据，参见 https：//crawdad. org/hope/amd/20080807。

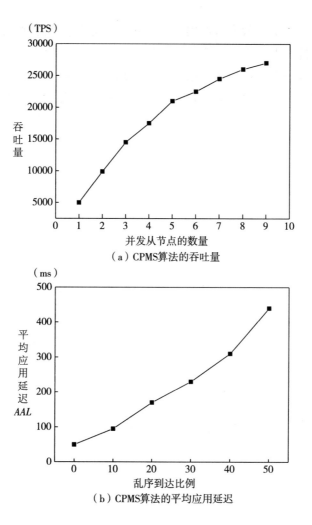

（a）CPMS算法的吞吐量

（b）CPMS算法的平均应用延迟

图 6-7   CPMS 的吞吐量和平均应用延迟 *AAL*

6.7   小结

　　在本章中，笔者试图解决事件数据流的乱序处理问题。为了解决异构网络中的乱序到达问题，笔者首先设计了一个网络延迟预测模型。其次，笔者提出了一种基于延迟距离的乱序处理方法。对于错误模式匹配事件，笔者提出了一种基于云平台的内存补充策略。最后，笔者在合成数据和真实数据上进行了大量实验，实验结果证明了笔者所提出方法的可行性和有效性。该工作是首次在异构网络中使用延迟距离来解决乱序到达问题。因此，该工作是对现有数据流处理研究工作的有益补充。

第 7 章 总结与展望

7.1 全书总结

随着沃尔玛等欧美大厂商和政府的极力推广，同时凭借 RFID 技术自身的自动、快速、批量处理、远距离操作等优点，RFID 技术在零售、物品追踪、医药、供应链、门禁系统、航空、国防等领域得到大规模的应用。然而，在应用过程中，产生的大量且不可靠的数据（如漏读、多读、冗余等）严重影响了后端系统和用户的应用，这样又制约了 RFID 技术的发展。因此，设计高效的 RFID 数据清洗策略成为数据库界的一个亟待解决的问题。

首先，本书对 RFID 技术发展历程进行了介绍；其次，本书分析了 RFID 数据流与传统数据的异同点；再次，本书回顾了现有 RFID 数据清洗技术并指出了其存在的问题和不足；最后，在此基础上，本书对 RFID 数据流清洗技术进行了深入研究，聚焦在如何有效地提高 RFID 数据的质量，从而为后续处理及应用提供可靠的数据。

现有的技术通常考虑的是如何在数据层面利用滑动窗口来平滑过滤数据，或者是考虑目标对象间的时空关联性，或者数据的冗余性等。这些方法在数据清洗期间往往会填补大量不必要的数据，并且其清洗结果远远没有达到理想的效果。

针对现有技术存在的问题，本书主要从数据层和逻辑层两方面进行了研究，同时设计了新的数据填补技术和数据清洗技术。本书的具体工作及创新点如下：

（1）为了满足数据层进行数据清洗的需求，本书提出了两种数据填补方法，分别为确定性数据填补方法与不确定性数据填补方法。前者包括时间间隔模型、包含关系模型和惰性模型，后者则为正态分布模型。

（2）为了解决 SMURF 等数据清洗模型的缺点，本书提出了基于读写器交流信息的 RFID 数据清洗策略。此策略提升到了逻辑层，能够大大减少冗余数据的产生。首先，为了使交流信息正规化，设计了一种新的 RFID 读写器通信协议和一种动态概率单元事件模型接着；其次，基于以上的协议和模型，提出了一种主动的 RFID 数据清洗策略，包括冗余数据消除方法（D-DR）、漏读数据填补方法（Top-kPDI 和 M-PDI）、多读数据消除方法（P-DR）。

（3）设计了大量的仿真实验，实验结果证明了本书所提出的策略和算法的可行性与有效性。

7.2 未来展望

RFID 是一种很有前景的技术，其在新兴领域的应用必将给 RFID 数据管理技术带来新的机遇和挑战。为了丰富和完善 RFID 数据管理技术，有待从以下几个方面做进一步的研究：

（1）现有的 RFID 数据清洗技术大都是基于数据层的，其处理也是比较被动的。因此很有必要转换研究思路，转换到更高的层次或者 RFID 脏读数据产生的源头或者早期来做研究。

（2）RFID 数据清洗结果跟实际情况还有差别，各种策略在解决对象数据的完整性和动态性方面是一个难题，因此很有必要提出新的解决方案。

（3）RFID 复杂事件处理方面大多研究成果是基于 RFID 数据顺序到达做出的，没有考虑 RFID 数据的乱序问题。

（4）基于 RFID 的目标对象的实时定位技术能够定位的是一个或者几个可能的区域，因此很有必要加强其定位的精确度。

参考文献

[1] Agrawal J, Diao Y, Gyllstrom D, Immerman N. Efficient Pattern Matching over Event Streams [C]. In: Proc. of the 2008 ACM SIGMOD International Conference on Management of Data (SIGMOD), 2008: 147-160.

[2] Agrawal R, Cheung A, Kailing K, Schoenauer S. Towards Traceability across Sovereign, Distributed RFID Databases [C]. In: Proc. of the 10th International Database Engineering and Applications Symposium (IDEAS), 2006: 174-184.

[3] Ahson S, Ilyas M. RFID Handbook: Applications, Technology, Security, and Privacy [M]. Boca Raton: CRC Press, 2008.

[4] Akdere M, çetintemel U, Tatbul N. Plan-based Complex Event Detection across Distributed Sources [C]. In: Proc. of the VLDB Endowment (PVLDB), 2008, 1 (1): 66-77.

[5] Baba A I, Jaeger M, Lu H, Pedersen T B, Ku W S, Xie X. Learning-based Cleansing for Indoor RFID Data [C]. In: Proc. of the 2016 ACM SIGMOD International Conference on Management of Data (SIGMOD), 2016: 925-936.

[6] Baba A I, Lu H, Pedersen T B, Jaeger M. Cleansing Indoor RFID Tracking Data [J]. ACM SIGSPATIAL Special, 2017, 9 (1): 11-18.

[7] Baba A I, Lu H, Pedersen T B, Xie X. Handling False Negatives in Indoor RFID Data [C]. In: Proc. of the 2014 IEEE 15th International Conference on Mobile Data Management (MDM), 2014 (1): 117-126.

[8] Baba A I, Lu H, Xie X, Pedersen T B. Spatiotemporal Data Cleansing for Indoor RFID Tracking Data [C]. In: Proc. of the 2013 IEEE 14th International Conference on Mobile Data Management (MDM), 2013 (1): 187-196.

[9] Babu S, Srivastava U, Widom J. Exploiting k-Constraints to Reduce

Memory Overhead in Continuous Queries over Data Streams〔J〕. ACM Transactions on Database Systems（TODS）, 2004, 29（3）: 545-580.

〔10〕Bai Y, Wang F, Liu P, Zaniolo C, Liu S. RFID Data Processing with a Data Stream Query Language〔C〕. In: Proc. of the 23th International Conference on Data Engineering（ICDE）, 2007: 1184-1193.

〔11〕Bai Y, Wang F, Liu P. Efficiently Filtering RFID Data Streams〔C〕. In: Proc. of the 1st International VLDB Workshop on Clean Databases（CleanDB）, 2006.

〔12〕Bapat T A, Candan K S, Cherukuri V S, Sundaram H. AURA: Enabling Attribute-based Spatial Search in RFID Rich Environments〔C〕. In: Proc. of the 25th International Conference on Data Engineering（ICDE）, 2009: 1211-1214.

〔13〕Bornhövd C, Lin T, Haller S, Schaper J. Integrating Automatic Data Acquisition with Business Processes Experiences with SAP's Auto-ID Infrastructure〔C〕. In: Proc. of the 30th International Conference on Very Large Data Bases（VLDB）, 2004: 1182-1188.

〔14〕Cao Z, Sutton C, Diao Y, Shenoy P J. Distributed Inference and Query Processing for RFID Tracking and Monitoring〔C〕. In: Proc. of the VLDB Endowment（PVLDB）, 2011, 4（5）: 326-337.

〔15〕Chandramouli B, Goldstein J, Barga R S, Riedewald M, Santos I. Accurate Latency Estimation in a Distributed Event Processing System〔C〕. In: Proc. of the 27th International Conference on Data Engineering（ICDE）, 2011: 255-266.

〔16〕Chandramouli B, Goldstein J, Maier D. High-Performance Dynamic Pattern Matching over Disordered Streams〔C〕. In: Proc. of VLDB Endowment（PVLDB）, 2010, 3（1-2）: 220-231.

〔17〕Chaves L W F, Buchmann E, Böhm K. Finding Misplaced Items in Retail by Clustering RFID Data〔C〕. In: Proc. of the 13th International Conference on Extending Database Technology（EDBT）, 2010: 501-512.

〔18〕Chawathe S S, Krishnamurthy V, Ramachandran S, Sarma S. Managing RFID Data〔C〕. In: Proc. of the 30th International Conference on Very Large Data Bases（VLDB）, 2004: 1189-1195.

［19］Chen H, Ku W S, Wang H, Sun M T. Leveraging Spatio-Temporal Redundancy for RFID Data Cleansing ［C］. In: Proc. of the 2010 ACM SIGMOD International Conference on Management of Data （SIGMOD）, 2010: 51-62.

［20］Chen Q, Li Z, Liu H. Optimizing Complex Event Processing over REID Data Streams ［C］. In: Proc. of the 24th International Conference on Data Engineering （ICDE）, 2008: 1442-1444.

［21］Cheung A, Kailing K, Schönauer S. Theseos: A Query Engine for Traceability across Sovereign, Distributed RFID Databases ［C］. In: Proc. of the 23rd International Conference on Data Engineering （ICDE）, 2007: 1495-1496.

［22］Choy K L, Chow K H, Moon K L, Zeng X, Lau H C W, Chan F T S, Ho G T S. A RFID-Case-based Sample Management System for Fashion Product Development ［J］. Engineering Applications of Artificial Intelligence, 2009, 22 （6）: 882-896.

［23］Cocci R, Tran T, Diao Y, Shenoy P. Efficient Data Interpretation and Compression over RFID Streams ［C］. In: Proc. of the 24th International Conference on Data Engineering （ICDE）, 2008: 1445-1447.

［24］Cooper O, Edakkunni A, Franklin M J, Hong W, Jeffery S R, Krishnamurthy S, Reiss F, Rizvi S, Wu E. HiFi: A Unified Architecture for High Fan-in Systems ［C］. In: Proc. of the 30th International Conference on Very Large Data Bases （VLDB）, 2004: 1357-1360.

［25］Demers A, Gehrke J, Hong M, Riedewald M, White W. Towards Expressive Publish/Subscribe Systems ［C］. In: Proc of the 10th International Conference on Extending Database Technology （EDBT）, 2006: 627-644.

［26］Demers A, Gehrke J, Panda B, Riedewald M, Sharma V, White W. Cayuga: A General Purpose Event Monitoring System ［C］. In: Proc. of the 3rd Biennial Conference on Innovative Data Systems Research （CIDR）, 2007: 412-422.

［27］Derakhshan R, Orlowska M E, Li X. RFID Data Management: Challenges and Opportunities ［C］. In IEEE First International Conference on RFID, 2007: 175-182.

[28] Dindar N, Güç B, Lau P, Özal A, Soner M, Tatbul N. DejaVu: Declarative Pattern Matching over Live and Archived Streams of Events [C]. In: Proc. of the 2009 ACM SIGMOD International Conference on Management of Data (SIGMOD), 2009: 1023-1026.

[29] Fazzinga B, Flesca S, Furfaro F, Masciari E. RFID-Data Compression for Supporting Aggregate Queries [J]. ACM Transactions on Database Systems (TODS), 2013, 38 (2): 1-45.

[30] Fazzinga B, Flesca S, Furfaro F, Parisi F. Cleaning Trajectory Data of RFID - Monitored Objects through Conditioning under Integrity Constraints [C]. In: Proc. of the 17th International Conference on Extending Database Technology (EDBT), 2014a: 379-390.

[31] Fazzinga B, Flesca S, Furfaro F, Parisi F. Exploiting Integrity Constraints for Cleaning Trajectories of RFID-Monitored Objects [J]. ACM Transactions on Database Systems (TODS), 2016, 41 (4): 1-52.

[32] Fazzinga B, Flesca S, Furfaro F, Parisi F. Interpreting RFID Tracking Data for Simultaneously Moving Objects: An Offline Sampling - based Approach [J]. Expert Systems with Applications, 2020, 152 (8): 113368.

[33] Fazzinga B, Flesca S, Furfaro F, Parisi F. Offline Cleaning of RFID Trajectory Data [C]. In: Proc. of the 26th International Conference on Scientific and Statistical Database Management (SSDBM), 2014b: 1-12.

[34] Floerkemeier C, Lampe M. Issues with RFID Usage in Ubiquitous Computing Applications [C]. In: Proc. of the 2nd International Conference on Pervasive Computing (Pervasive), 2004: 188-193.

[35] Franklin M J, Jeffery S R, Krishnamurthy S, Reiss F, Rizvi S, Wu E, Cooper O, Edakkunni A, Hong W. Design Considerations for High Fan-In Systems: The HiFi Approach [C]. In: Proc. of the 2nd Biennial Conference on Innovative Data Systems Research (CIDR), 2005: 290-304.

[36] Garg V. Estream: An Integration of Event and Stream Processing. [D]. Arlington: University of Texas at Arlington, 2005.

[37] Gonzalez H, Han J, Cheng H, Li X, Klabjan D, Wu T. Modeling Massive RFID Data Sets: A Gateway-based Movement Graph Approach [J]. IEEE Transactions on Knowledge and Data Engineering (TKDE), 2010, 22

(1): 90-104.

[38] Gonzalez H, Han J, Li X, Klabjan D. Warehousing and Analyzing Massive RFID Data Sets [C]. In: Proc. of the 22nd International Conference on Data Engineering (ICDE), 2006b: 83.

[39] Gonzalez H, Han J, Li X. FlowCube: Constructing RFID FlowCubes for Multi-Dimensional Analysis of Commodity Flows [C]. In: Proc. of the 32nd International Conference on Very Large Data Bases (VLDB), 2006a: 834-845.

[40] Gonzalez H, Han J, Li X. Mining Compressed Commodity Workflows From Massive RFID Data Sets [C]. In: Proceedings of the 15th ACM International Conference on Information and Knowledge Management (CIKM), 2006c: 162-171.

[41] Gonzalez H, Han J, Shen X. Cost-Conscious Cleaning of Massive RFID Data Sets [C]. In: Proc. of the 23rd International Conference on Data Engineering (ICDE), 2007: 1268-1272.

[42] Gu Y, Yu G, Chen Y, Ooi B C. Efficient RFID Data Imputation by Analyzing the Correlations of Monitored Objects [C]. In: Proc. of the 14th International Conference on Database Systems for Advanced Applications (DAS-FAA), 2009a: 186-200.

[43] Gu Y, Yu G, Guo N, Chen Y. Probabilistic Moving Range Query over RFID Spatio-temporal Data Streams [C]. In: Proc. of the 18th ACM Conference on Information and Knowledge Management (CIKM), 2009b: 1413-1416.

[44] Gu Y, Yu G, Li C. Deadline-Aware Complex Event Processing Models over Distributed Monitoring Streams [J]. Mathematical and Computer Modelling, 2012, 55 (3-4): 901-917.

[45] Gyllstrom D, Wu E, Chae H J, Diao Y, Stahlberg P, Anderson G. SASE: Complex Event Processing over Streams [C]. In: Proc. of the 3rd Biennial Conference on Innovative Data Systems Research (CIDR), 2007: 407-411.

[46] Han J, Gonzalez H, Li X, Klabjan D. Warehousing and Mining Massive RFID Data Sets [C]. In: Proc. of the 2nd International Conference on Ad-

vanced Data Mining and Applications (ADMA), 2006: 1-18.

[47] Hu Y, Sundara S, Chorma T, Srinivasan J. Supporting RFID-based Item Tracking Applications in Oracle DBMS Using a Bitmap Datatype [C]. In: Proc. of the 31st International Conference on Very Large Data Bases (VLDB), 2005: 1140-1151.

[48] Hussein S H, Lu H, Pedersen T B. Reasoning about RFID-Tracked Moving Objects in Symbolic Indoor Spaces [C]. In: Proc. of the 25th International Conference on Scientific and Statistical Database Management (SSDBM), 2013: 1-12.

[49] Jeffery S R, Alonso G, Franklin M J, Hong W, Widom J. A Pipelined Framework for Online Cleaning of Sensor Data Streams [C]. In: Proc. of the 22nd International Conference on Data Engineering (ICDE), 2006b: 140.

[50] Jeffery S R, Alonso G, Franklin M J, Hong W, Widom J. Declarative Support for Sensor Data Cleaning [C]. In: Proc. of the 4th International Conference on Pervasive Computing (Pervasive), 2006c: 83-100.

[51] Jeffery S R, Garofalakis M, Franklin M J. Adaptive Cleaning for RFID Data Streams [C]. In: Proc. of the 32nd International Conference on Very Large Data Bases (VLDB), 2006a: 163-174.

[52] Ji Y, Sun J, Nica A, Jerzak Z, Hackenbroich G, Fetzer C. Quality-driven Disorder Handling for m-way Sliding Window Stream Joins [C]. In: Proc. of the 32nd International Conference on Data Engineering (ICDE), 2016: 493-504.

[53] Ji Y, Zhou H, Jerzak Z, Nica A, Hackenbroich G, Fetzer C. Quality-Driven Continuous Query Execution over Out-of-Order Data Streams [C]. In: Proc. of the 2015 ACM SIGMOD International Conference on Management of Data (SIGMOD), 2015: 889-894.

[54] Jiang S, Zhang X. LIRS: An Efficient Low Inter-reference Recency Set Replacement Policy to Improve Buffer Cache Performance [J]. ACM SIG METRICS Performance Evaluation Review, 2002, 30 (1): 31-42.

[55] Jiang T, Xiao Y, Wang X, Li Y. Leveraging Communication Information among Readers for RFID Data Cleaning [C]. In: Proc. of the 12th International Conference on Web-Age Information Management (WAIM), 2011:

201-213.

[56] Kanagal B, Deshpande A. Online Filtering, Smoothing and Probabilistic Modeling of Streaming Data [C]. In: Proc. of the 24th International Conference on Data Engineering (ICDE), 2008: 1160-1169.

[57] Khoussainova N, Balazinska M, Suciu D. PEEX: Extracting Probabilistic Events from RFID Data [R]. Techincal Report, 2008b.

[58] Khoussainova N, Balazinska M, Suciu D. Probabilistic Event Extraction from RFID Data [C]. In: Proc. of the 24th International Conference on Data Engineering (ICDE), 2008a: 1480-1482.

[59] Khoussainova N, Balazinska M, Suciu D. Towards Correcting Input Data Errors Probabilistically Using Integrity Constraints [C]. In: Proc. of the 5th ACM International Workshop on Data Engineering for Wireless and Mobile Access (MobiDE), 2006: 43-50.

[60] Lee C H, Chung C W. An Approximate Duplicate Elimination in RFID Data Streams [J]. Data and Knowledge Engineering, 2011a, 70 (12): 1070-1087.

[61] Lee C H, Chung C W. Efficient Storage Scheme and Query Processing for Supply Chain Management Using RFID [C]. In: Proc. of the 2008 ACM SIGMOD International Conference on Management of Data (SIGMOD), 2008: 291-302.

[62] Lee C H, Chung C W. RFID Data Processing in Supply Chain Management Using a Path Encoding Scheme [J]. IEEE Transactions on Knowledge and Data Engineering, 2011b, 23 (5): 742-758.

[63] Letchner J, Ré C, Balazinska M, Philipose M. Access Method for Markovian Streams [C]. In: Proc. of the 25th International Conference on Data Engineering (ICDE), 2009: 246-257.

[64] Letchner J, Ré C, Balazinska M, Philipose M. Approximation Trade-Offs in Markovian Stream Processing: An Empirical Study [C]. In: Proc. of the 26th International Conference on Data Engineering (ICDE), 2010: 936-939.

[65] Li M, Liu M, Ding L, Rundensteiner E A, Mani M. Event Stream Processing with Out-of-Order Data Arrival [C]. In: Proc. of the 27th Interna-

tional Conference on Distributed Computing Systems Workshops (ICDCSW), 2007: 67.

[66] Li J, Tufte K, Shkapenyuk V, Papadimos V, Johnson T, Maier D. Out-of-order Processing: A New Architecture for High-Performance Stream Systems [C]. In: Proc. of the VLDB Endowment (PVLDB), 2008, 1 (1): 274-288.

[67] Liao G, Li J, Chen L, Wan C. KLEAP: An Efficient Cleaning Method to Remove Cross-Reads in RFID Streams [C]. In: Proc. of the 20th ACM Conference on Information and Knowledge Management (CIKM), 2011: 2209-2212.

[68] Liu H, Li Z, Chen Q, Peng S. Online Pattern Aggregation over RFID Data Streams [C]. In: Proc. of the 11th International Conference on Web-Age Information Management (WAIM), 2010: 262-273.

[69] Liu M, Li M, Golovnya D, Rundensteiner E A, Claypool K. Sequence Pattern Query Processing over Out-of-Order Event Streams [C]. In: Proc. of the 25th International Conference on Data Engineering (ICDE), 2009: 784-795.

[70] Mahdin H, Abawajy J. An Approach for Removing Redundant Data from RFID Data Streams [J]. Sensors, 2011, 11 (10): 9863-9877.

[71] Mutschler C, Philippsen M. Distributed Low-Latency Out-of-Order Event Processing for High Data rate Sensor Streams [C]. In: Proc. of the 2013 IEEE 27th International Parallel and Distributed Processing Symposium (IPDPS), 2013: 1133-1144.

[72] Nie Y, Li Z, Peng S, Chen Q. Probabilistic Modeling of Streaming RFID Data by Using Correlated Variable-duration HMMs [C]. In: Proc. of the 7th ACIS International Conference on Software Engineering Research, Management and Applications (SERA), 2009: 72-77.

[73] Peng S, Li Z, Li Q, Chen Q, Liu H, Nie Y, Pan W. Efficient Multiple Objects - Oriented Event Detection over RFID Data Streams [C]. In: Proc. of the 11th International Conference on Web-Age Information Management (WAIM), 2010: 97-102.

[74] Qian C, Ngan H, Liu Y. Cardinality Estimation for Large - scale

RFID Systems [C] . In: Proc. of the 6th Annual IEEE International Conference on Pervasive Computing and Communications (PerCom), 2008: 30-39.

[75] Rahm E, Do H H. Data Cleaning: Problems and Current Approaches [J] . IEEE Data Engineering Bulletin, 2000, 23 (4): 3-13.

[76] Rao J, Doraiswamy S, Thakkar H, Colby L S. A Deferred Cleansing Method for RFID Data Analytics [C] . In: Proc. of the 32th International Conference on Very Large Data Bases (VLDB), 2006: 175-186.

[77] Rizvi S, Jeffery S R, Krishnamurthy S, Franklin M J, Burkhart N, Edakkunni A, Liang L. Events on the Edge [C] . In: Proc. of the 2005 ACM SIGMOD International Conference on Management of Data (SIGMOD), 2005: 885-887.

[78] Ré C, Letchner J, Balazinska M, Suciu D. Event Queries on Correlated Probabilistic Streams [C] . In: Proc. of the 2008 ACM SIGMOD International Conference on Management of Data (SIGMOD), 2008: 715-728.

[79] Sheng B, Li Q, Mao W. Efficient Continuous Scanning in RFID Systems [C] . In: Proc. of the 29th Conference on Information Communications (INFOCOM), 2010: 1010-1018.

[80] Solanas A, Domingo-Ferrer J, Martínez-Ballesté A, Daza V. A Distributed Architecture for Scalable Private RFID Tag Identification [J] . Computer Networks, 2007, 51 (9): 2268-2279.

[81] Song J, Haas C T, Caldas C H. A Proximity-based Method for Locating RFID Tagged Objects [J] . Advanced Engineering Informatics, 2007, 21 (4): 367-376.

[82] Song S, Zhang A, Wang J, Yu P S. SCREEN: Stream Data Cleaning under Speed Constraints [C] . In: Proc. of the 2015 ACM SIGMOD International Conference on Management of Data (SIGMOD), 2015: 827-841.

[83] Srivastava U, Widom J. Flexible Time Management in Data Stream Systems [C] . In: Proc. of the 23rd ACM SIGMOD-SIGACT-SIGART Symposium on Principles of Database Systems (PODS), 2004: 263-274.

[84] Tan C C, Sheng B, Li Q. How to Monitor for Missing RFID Tags [C] . In: Proc. of the 28th International Conference on Distributed Computing Systems (ICDCS), 2008: 295-302.

［85］ Tran T, Sutton C, Cocci R, Nie Y, Diao Y, Shenoy P. Probabilistic Inference over RFID Streams in Mobile Environments ［C］. In: Proc. of the 25th International Conference on Data Engineering (ICDE), 2009: 1096-1107.

［86］ Tucker P A, Maier D, Sheard T, Fegaras L. Exploiting Punctuation Semantics in Continuous Data Streams ［J］. IEEE Transactions on Knowledge and Data Engineering (TKDE), 2003, 15 (3): 555-568.

［87］ Wang F, Liu P. Temporal Management of RFID Data ［C］. In: Proc. of the 31st International Conference on Very Large Data Bases (VLDB), 2005: 1128-1139.

［88］ Wang F, Liu S, Liu P, Bai Y. Bridging Physical and Virtual World: Complex Event Processing for RFID Data Streams ［C］. In: Proc of the 10th International Conference on Extending Database Technology (EDBT), 2006: 588-607.

［89］ Wang F, Liu S, Liu P. A Temporal RFID Data Model for Querying Physical Objects ［J］. Pervasive and Mobile Computing, 2010, 6 (3): 382-397.

［90］ Wang F, Liu S, Liu P. Complex RFID Event Processing ［J］. VLDB Journal, 2009, 18 (4): 913-931.

［91］ Wang X, Ji Y, Zhao B. An Approximate Duplicate-Elimination in RFID Data Streams Based on d-Left Time Bloom Filter ［C］. In: Proc. of the 16th Asia-Pacific Web Conference on Web Technologies and Applications (APWeb), 2014: 413-424.

［92］ Wang Y, Yu G, Gu Y, Yue D, Zhang T. Efficient Similarity Query in RFID Trajectory Databases ［C］. In: Proc. of the 11th International Conference on Web-Age Information Management (WAIM), 2010: 620-631.

［93］ Wang Y, Yu G, Zhang T, Yue D, Gu Y, Hu X. Effective Similarity Analysis over Event Streams Based on Sharing Extent ［C］. In Proc. of the Joint International Conferences on Advances in Data and Web Management (APWeb/WAIM), 2009: 308-319.

［94］ Want R. An Introduction to RFID Technology ［J］. IEEE Pervasive Computing, 2006, 5 (1): 25-33.

［95］ Wei M, Liu M, Li M, Golovnya D, Rundensteiner E A, Claypool

K . Supporting a Spectrum of Out－of－Order Event Processing Technologies: From Aggressive to Conservative Methodologies ［C］. In: Proc. of the 2009 ACM SIGMOD International Conference on Management of Data (SIGMOD), 2009: 1031-1034.

［96］ Weinschrott H, Dürr F, Rothermel K. Efficient Capturing of Environmental Data with Mobile RFID Readers ［C］. In: Proc. of the 10th International Conference on Mobile Data Management (MDM), 2009: 41-51.

［97］ Welbourne E, Khoussainova N, Letchner J, Li Y, Balazinska M, Borriello G, Suciu D. Cascadia: A System for Specifying, Detecting, and Managing RFID Events ［C］. In: Proc. of the 6th International Conference on Mobile Systems, Applications, and Services (MobiSys), 2008: 281-294.

［98］ White W, Riedewald M, Gehrke J, Demers A. What is "next" in event processing? ［C］. In: Proc. of the 26th ACM SIGMOD-SIGACT-SIGART Symposium on Principles of Database Systems (PODS), 2007: 263-272.

［99］ Widom J. Trio: A System for Integrated Management of Data, Accuracy, and Lineage ［C］. In: Proc. of the 2nd Biennial Conference on Innovative Data Systems Research (CIDR), 2005: 262-276.

［100］ Wu E, Diao Y, Rizvi S. High－Performance Complex Event Processing over Streams ［C］. In: Proc. of the 2006 ACM SIGMOD International Conference on Management of Data (SIGMOD), 2006: 407-418.

［101］ Xie D, Sheng Q Z, Ma J, Cheng Y, Qin Y, Zeng R. A Framework for Processing Uncertain RFID Data in Supply Chain Management ［C］. In: Proc. of the 14th International Conference on Web Information Systems Engineering (WISE), 2013 (1): 396-409.

［102］ Xie J, Yang J, Chen Y, Wang H, Yu P S. A Sampling-based Approach to Information Recovery ［C］. In: Proc. of the 24th International Conference on Data Engineering (ICDE), 2008: 476-485.

［103］ Xie L, Sheng B, Tan C C, Han H, Li Q, Chen D. Efficient Tag Identification in Mobile RFID Systems ［C］. In: Proc. of the 29th Conference on Information Communications (INFOCOM), 2010: 1001-1009.

［104］ Xie L, Yin Y, Vasilakos A V, Lu S. Managing RFID Data: Challenges, Opportunities and Solutions ［J］. IEEE Communications Surveys and

Tutorials, 2014, 16（3）：1294-1311.

［105］Xu H, Ding J, Li P, Li W. A Review on Data Cleaning Technology for RFID Network［C］. In：Proc. of the 11th International Conference on P2P, Parallel, Grid, Cloud and Internet Computing（3PGCIC）, 2016：373-382.

［106］Zhang H, Diao Y, Immerman N. Recognizing Patterns in Streams With Imprecise Timestamps［J］. Information Systems, 2013, 38（8）：1187-1211.

［107］Zhang H, Diao Y, Immerman N. Recognizing Patterns in Streams with Imprecise Timestamps［C］. In：Proc. of the VLDB Endowment, 2010, 3（1）：244-255.

［108］Zhao Z, Ng W. A Model-based Approach for RFID Data Stream Cleansing［C］. In：Proc. of the 21st ACM Conference on Information and Knowledge Management（CIKM）, 2012：862-871.

［109］Zhou C, Meng X. IO^3：Interval-based Out-of-Order Event Processing in Pervasive Computing［C］. In：Proc. of the 15th International Conference on Database Systems for Advanced Applications（DASFAA）, 2010：261-268.

［110］方伟, 刘旭东, 林学练. 一种用于 Java 消息中间件的自适应框架［J］. 微计算机信息, 2008, 24（3）：205-206+170.

［111］谷峪, 郭娜, 于戈. 基于移动阅读器的 RFID 概率空间范围查询技术的研究［J］. 计算机学报, 2009, 32（10）：2052-2065.

［112］谷峪, 于戈, 胡小龙, 王义. 基于监控对象动态聚簇的高效 RFID 数据清洗模型［J］. 软件学报, 2010b, 21（4）：632-643.

［113］谷峪, 于戈, 李传文. 半限制空间内的 RFID 可能性 k-近邻查询技术［J］. 软件学报, 2012, 23（3）：565-581.

［114］谷峪, 于戈, 李晓静, 王义. 基于动态概率路径事件模型的 RFID 数据填补算法［J］. 软件学报, 2010a, 21（3）：438-451.

［115］谷峪, 于戈, 张天成. RFID 复杂事件处理技术［J］. 计算机科学与探索, 2007, 1（3）：255-267.

［116］郭志懋, 周傲英. 数据质量和数据清洗研究综述［J］. 软件学报, 2002（11）：2076-2082.

［117］金澈清, 钱卫宁, 宫学庆. 不确定性数据流管理技术［J］.

中国计算机学会通讯，2009，5（4）：37-44.

［118］金澈清，钱卫宁，周傲英．流数据分析与管理综述［J］．软件学报，2004（8）：1172-1181.

［119］金培权，汪娜，张晓翔，岳丽华．面向室内空间的移动对象数据管理［J］．计算机学报，2015，38（9）：1777-1795.

［120］李波，谢胜利，苏翔．嵌入式 RFID 中间件系统的研究与实现［J］．计算机工程，2008，34（15）：92-94.

［121］李洁，邓一鸣，沈士团．基于模糊区域分布的分类规则提取及推理算法［J］．计算机学报，2008，31（6）：934-941.

［122］李战怀，聂艳明，陈群，尚学群．RFID 数据管理的研究进展［J］．中国计算机学会通讯，2007，3（2）：32-40.

［123］廖国琼，李晶．基于距离的分布式 RFID 数据流孤立点检测［J］．计算机研究与发展，2010，47（5）：930-939.

［124］刘海龙，李战怀，陈群．RFID 供应链系统中的在线复杂事件检测方法［J］．计算机科学与探索，2010，4（8）：731-741.

［125］刘建华，项湜伍．RFID 自调节式读写器控制系统设计［J］．上海师范大学学报（自然科学版），2008，37（2）：153-157.

［126］刘竞杰．基于模糊原理的中间件自适应优化［J］．微计算机信息，2007，23（15）：235-237.

［127］罗元剑，姜建国，王思叶，景翔，丁昶，张珠君，张艳芳．基于有限状态机的 RFID 流数据过滤与清理技术［J］．软件学报，2014，25（8）：1713-1728.

［128］牛炳鑫，刘秀龙，谢鑫，李克秋，曹建农．大规模动态 RFID 系统中针对热门标签类别的 TOP-k 查询协议［J］．计算机学报，2019，42（2）：36-51.

［129］潘巍，李战怀，陈群，谢芳全．RFID 交叉读仲裁方法研究［J］．计算机学报，2012，35（8）：1607-1619.

［130］彭商濂，李战怀，陈群，李强．在线-离线数据流上复杂事件检测［J］．计算机学报，2012a，35（3）：540-554.

［131］彭商濂，李战怀，李强，陈群，刘海龙．RFID 数据流上多目标复杂事件检测［J］．计算机研究与发展，2012b，49（9）：1910-1925.

［132］孙基男，黄雨，黄舒志，张世琨，袁崇义．一种基于 Petri 网

的 RFID 事件检测的形式化方法［J］．计算机研究与发展，2012，49（11）：2334-2343．

［133］王楚豫，谢磊，赵彦超，张大庆，叶保留，陆桑璐．基于 RFID 的无源感知机制研究综述［J］．软件学报，2022，33（1）：297-323．

［134］王涛，李舟军，颜跃进，陈火旺．数据流挖掘分类技术综述［J］．计算机研究与发展，2007（11）：1809-1815．

［135］王意洁，李小勇，祁亚斐，孙伟东．不确定数据查询技术研究［J］．计算机研究与发展，2012，49（7）：1460-1466．

［136］谢磊，殷亚凤，陈曦，陆桑璐，陈道蓄．RFID 数据管理：算法、协议与性能评测［J］．计算机学报，2013，36（3）：457-470．

［137］许嘉，于戈，谷峪，王艳秋．RFID 不确定数据管理技术［J］．计算机科学与探索，2009，3（6）：561-576．

［138］张洁豪．RFID 中间件设备集成技术研究与开发［D］．上海：上海交通大学，2007．

［139］张士庚，刘光亮，刘璇，王建新．大规模 RFID 系统中一种能量有效的丢失标签快速检测算法［J］．计算机学报，2014，37（2）：434-444．

［140］赵会群，孙晶，杨岩坤，毛立志．复杂事件模式检测与 CEP 测试数据生成算法研究［J］．计算机学报，2017，40（1）：256-272．

［141］周傲英，金澈清，王国仁，李建中．不确定性数据管理技术研究综述［J］．计算机学报，2009，32（1）：1-16．

［142］周世杰，张文清，罗嘉庆．射频识别（RFID）隐私保护技术综述［J］．软件学报，2015，26（4）：960-976．

［143］朱乾坤，王宏志，高宏．在线 RFID 多复杂事件查询处理技术［J］．计算机科学与探索，2011，5（9）：845-856．